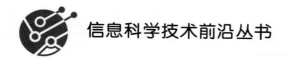

信息科学技术前沿丛书

U0149672

面向海量地理要素交互式可视化的空间近似查询方法研究

仇阿根　　陶坤旺
　　　　　　　　　　编著
赵习枝　　张志然

北京邮电大学出版社
www.buptpress.com

内 容 简 介

本书围绕海量地理要素的交互式可视化需求,介绍作者近期开展的顾及查询误差的顶点层次化方法、顾及多种约束条件的空间近似查询、面向局部要素更新结构重构和基于空间近似查询引擎的 Web GIS 等研究工作,并以全球 OpenStreetMap 数据的交互式可视化为例对本书中的方法进行实验分析与讨论。本书的相关内容涵盖研究基础导论、国内外研究现状综述、研究方法思路、分析应用和总结展望等。

本书注重实用性,提及的技术方案及相关技术方法具有较好理论与实践意义,适合具有一定基础的 GIS 和计算机领域专业人员参考。

图书在版编目(CIP)数据

面向海量地理要素交互式可视化的空间近似查询方法研究 / 仇阿根等编著. -- 北京 : 北京邮电大学出版社,2023.4

ISBN 978-7-5635-6904-5

Ⅰ.①面… Ⅱ.①仇… Ⅲ.①地理要素-数据检索-研究 Ⅳ.①P94-39

中国国家版本馆 CIP 数据核字(2023)第 055349 号

策划编辑:姚 顺 刘纳新 **责任编辑**:满志文 **责任校对**:张会良 **封面设计**:七星博纳

出版发行:北京邮电大学出版社

社 址:北京市海淀区西土城路 10 号

邮政编码:100876

发 行 部:电话:010-62282185 传真:010-62283578

E-mail:publish@bupt.edu.cn

经 销:各地新华书店

印 刷:唐山玺诚印务有限公司

开 本:720 mm×1 000 mm 1/16

印 张:9.5

字 数:130 千字

版 次:2023 年 4 月第 1 版

印 次:2023 年 4 月第 1 次印刷

ISBN 978-7-5635-6904-5 定 价:48.00 元

· 如有印装质量问题,请与北京邮电大学出版社发行部联系 ·

前　　言

新千年以来,信息技术的进步继续推动着人类社会的高速发展,地理数据的规模、复杂度不断累积增长,给数据存储、管理与分析造成了挑战。用户期望从海量地理数据中获得有价值的信息,用于探索性的知识分析和辅助决策。如何利用有限的计算资源对海量地理数据进行快速处理,满足用户日益增长的服务需求,成为学术界和工业界关注的重点。

在互联网环境下,面向海量地理数据的交互式数据可视化、探索性数据分析、在线数据编辑等过程中涉及的数据读写具有查询条件复杂、数据结果不受控制、响应时间要求高等特点,这些特点使现有的空间数据库、空间数据仓库都难以处理。具体表现如下:(1)由于交互式可视化的响应时间和响应内容要求的提高,若未有针对性的处理,结果集的数据量将会非常庞大,数据查询和传输过程均存在性能压力,数据可视化的流畅无从谈起;(2)在线数据编辑与更新过程中,需要对数据进行频繁的移动、缩放(上卷、下钻)、数据样式调整等操作,目前的数据库特别是空间数据库难以在较短的交互时间内承担这种高负载大规模输出的密集查询任务;(3)探索性数据分析涉及较短时间内进行大量的复杂查询,需要较多的计算资源,同时需要对数据分析的各类参数进行个性化设置或者微调以取得试探性的分析结果。如果采用数据分析全部在数据仓库中完成的数据应用模式,则数据管理端将承担密集的计算任务,同样导致性能压力从而响应时间延长。因此,TB甚至PB级别的数据集的交互式可视化和在线编辑等将难以开展。

为了解决这一问题,现有的地理信息系统(Geographic Information System, GIS)的建设实践通常建立基础源数据库与应用数据库两套独立的数据集。基础源数据库用于维护原始数据并执行更新操作,应用数据库则是在基础源数据的基础上对数据进行预处理、针对特定应用目标进行优化。地理空间信息领域这种基础源数据库与应用数据库的关系类似于重在事务处理的数据库与重在数据分析数据库之间的关系。采用基础源数据库与应用数据库这种应用模式构建的应用存在诸多问题。在具有大数据特征的地理空间数据集处理的性能上,将消耗掉大量的计算资源,降低执行此任务期间服务器的响应能力;应用数据库的更新是被动、定时的,往往需要耗费较多的计算资源,更新速度难以跟上基础源数据库的更新速度;从基础源的形态变为应用数据形态的处理过程中,地理数据的一致性易被破坏,将影响GIS应用效果;在面向互联网的GIS应用方案下,交互式数据可视化、在线数据编辑、探索性数据分析等体现GIS专业、复杂能力的功能难以实现。

本书面向互联网的地理信息服务,应用分布式计算、内存计算、近似计算等基本思想来解决地理空间大数据可视化的性能问题,将基础源数据库进行功能扩展取代应用数据库以解决应用数据库更新问题与地理空间数据的一致性问题。这些思想在针对不同问题时各有其适应性。分布式计算通过分治的思想将大问题分割为较小规模的问题同时将小问题分配给独立的处理机执行从而缩短运行时间。内存计算将外存数据一次性读入内存从而减少I/O瓶颈对于计算性能的影响以提升处理速度。近似计算通过在数据操作的结果空间中搜索最优解领域内的其他解,并度量这些解与原始最优解之间的差异程度来放松结果的约束条件,扩大结果的搜索范围以提升处理效率、减少处理时间,解决面向互联网的GIS系统高级复杂功能对数据查询处理时间响应的苛刻要求。

本书共分8章。第1章系统阐述了近似查询、空间近似查询、层次化模型和分布式内存计算的基本概念和方法应用;第 2 章介绍了国内外研究现状;第 3 章介绍了顾及查询误差的顶点层次化方法;第 4 章介绍了顾及多种约束的空间近似查询;第 5 章介绍了面向局部要素更新的顶点层次结构重构;第 6 章介绍了基于空间近似查询引擎的 WebGIS;第 7 章介绍了原型系统设计与分析;第 8 章对本书的内容进行了总结和展望。

作者尽最大努力开展本书的撰写工作,由于水平有限,书中亦可能存在不妥之处,欢迎读者批评指正。

作　者

目　　录

图表目录

第1章 导　　论

本章主要阐述本书所涉及的四种关键技术,包括近似查询技术、空间近似查询、层次化模型和分布式内存计算的理论基础,分别从基本概念、定义、原理、方法等方面进行介绍。

1.1　近似查询技术

1.1.1　基本概念

作为数据库系统的核心技术,数据的查询处理一直备受学术界和工业界的关注,它是系统进程对数据集按照既定条件完成过滤并返回结果的过程。面对庞大的数据量和复杂查询条件时,需要较长时间才能反馈精确的查询结果,难以实现交互式的快速响应速度,而太长的响应时间对于特定用户和应用程序而言是不可接受的。同时,在复杂的查询条件处理过程中,用户无法获得查询的阶段性结果及执行进度,难以根据前期结果来决定进一步的操作,如取消查询或有针对性修改查询条件。实际上,大量观察表明,如果适当降低查询精度,允许查询结果中包含一定的误差,那么查询处理的速度可以得以有效提高,近似查询技术(Approximate Query Process,AQP)应运而生。

需要运用近似查询技术解决的具体查询问题通常具有下列特点：一是数据量大，二是计算较复杂。涉及的数据量大的典型代表是数据库中聚集函数，其输入为满足条件的所有数据集合，输出为该数据集合的计算结果，通常为一个数值。聚集函数包括平均值、计数、求和、最大值、最小值等，例如计算出某个国家所有年龄大于 35 岁的受过高等教育的男性的平均收入，采用随机化算法或分层数据采样等技术可以获得一个在给定置信水平上的查询结果的区间，近似查询相比完全查询所需要的时间显著降低。计算较复杂的查询问题的典型代表为最短路径查询，由于计算步骤多，因此通常需要对原始数据进行预处理以生成特定的数据结构，辅助后期的处理，例如预先计算的节点到达度（reach）与 k 选点覆盖（k-skip cover）网络等。利用这些先期建立的辅助结构进行查询，可以有效减少处理时间，并逐步给出精化的结果。

1.1.2　常用近似查询技术

近似查询为大规模数据的复杂查询问题提供了新的思路，其可以平衡数据查询或处理所花费的时间与其结果的精度，以灵活的方式处理查询。同时，用户可以指定时间或精度的量化约束，选择一个快速的粗略结果或迟缓的更精确结果。近似查询的主要方法包括数据采样（Data Sampling）、随机化算法（Randomized Algorithm）、数据概要（Data Synopsis）、在线聚集（Online Aggregation）等。

（1）基于采样的近似查询处理方法，需对原始数据预处理，得到能够代表原始数据且数据量小的样本集，此方法不需要访问原始数据，只需要对样本集查询即可，存取速度较快，并且查询结果的误差在预计算阶段已经计算完成。

（2）基于在线聚合的近似查询处理方法，实时地返回结果并允许用户直接观察执行情况的方式。首先对原始数据抽样形成聚集分组，对各组数据进项查询计算，进而将查询结果、置信区间域精确度等信息快速地反馈给用户,随着读取数据量的增大,近似结果逐渐逼近精确结果。该方法缺点在于查询类型有限,因需实时反馈对计算机内存和性能要求较高,查询代价较大,同时处理的查询类型限制在几类其统计特性已被完整分析的数据操作中,如平均值与求和等。

(3) 随机化算法主要应用场景是对于统计推断理论基础已相当完善的数据统计量的近似处理,例如聚集函数中的求均值与求和等类型统计量。通过随机化处理,对不断增多的样本集进行计算即可取得有统计性保证的结果值。然而对于空间数据值,这些前提条件都无法满足,因此随机化算法不易应用于空间近似查询的处理。

(4) 基于数据概要的查询方法预先收集数据的一些统计信息,并基于独立性等简单假设,是近似查询的主流技术。较有代表性的方法包括直方图、小波分解、窗口和抽样技术等。

① 直方图技术是采用分箱的方式简单快速地记录数据分布状态,主要是将数据集 S 的值域$[a,b]$,分成多个不重叠的区域,划分的小区域称为桶,分布于每个桶的数据采用平均值代替。直方图类型包括等宽直方图、等高直方图和压缩直方图等,压缩直方图是等高和等宽直方图的改进与优化,采用数值对(v_i,f_i)的方式对出现次数较多的数值记录,节省了存储空间,适用于数据分布均匀的数据集。针对多维数据时,由于数据量较大、存储空间膨胀的问题,允许直方图划分的桶之间可以互相覆盖,从而获取不同的频率区域,应对多维数据摘要的构建。

② 小波分解技术是按照层次对函数展开分解的技术,主要由粗略的总体近似和影响函数的细节系数组成,其原则在于通过低分辨率的阵列重建原始数据阵列的值。哈尔小波(Haar wavelet)是简单且计算速度很快的一种小波技术,包括一维 Haar 波和多维 Haar 波,在信号处理、数据压缩等方面广泛应用。一维 Haar 波是将一维向量 V 中的数据成对地完成差分与平均的交叉计算,最终结果为包含相同数据个数的一维向量 V^*。多维 Haar

波是一维 Haar 波的扩展,多维 Haar 波是针对一维 Haar 波的扩展,经过小波分解后得到多维的系数矩阵,根据矩阵可以恢复原始数据。

③ 窗口查询技术在多种近似查询技术中属于比较常用的一种技术。由于数据流的无限性特性,数据流系统中通常无须在整个历史数据中进行查询计算,而是在窗口限定的最近一段时间内的数据集上进行查询。窗口查询在近似查询技术方面主要拥有以下两个优势:第一,使用简单并且容易理解,查询时所需要关注的数据较为明确,无须对位于窗口之外的数据进行操作;第二,查询过程中主要关注最新数据,相对忽略旧数据对于查询的影响,符合海量数据查询的实时性要求。

④ 抽样技术是根据一定的方法从大量数据集中抽取少量样本数据作为原始数据的索引,是简单且应用较早的方法,包括随机采样和分层采样两种方法。随机采样是在原始数据分布比较均匀的情况下,随机的抽取样本的过程,适用于数据集均匀的情况,存在两个缺点:第一,选择的样本可能不足以代表原始数据;第二,忽略了数据分布情况。分层抽样是按照某种特征或属性划分为若干次级的总体层,对每一层进行取样的过程,因此相对于均匀抽样来说,分层抽样更优化,由于在不同层级间取样减少了误差,从而增加了准确度。更重要的是,对于稀疏数据集而言,分层采样可以非常有效地减少样本的数量,同时又能利用霍夫丁不等式(Hoeffding's inequality)来保证所取样本在回答均值、求和等统计量时的置信区间与置信度。

1.2 空间近似查询

1.2.1 基本概念

空间数据查询是根据给定的约束条件,从空间数据集中检索相应的空间对象形成结果集。在大数据时代的背景下,海量空间数据的查询和索引在地图可视化、图像检索、数据处理、模式识别等诸多领域都有广泛的应用，如何实现空间数据的快速查询和可视化成为人们关注的热点问题。然而，对于海量的空间数据查询需求，精确的空间查询任务难以实现交互式的快速响应，同时，空间查询的结果通常为地理要素（空间对象）的集合，难以将一般的数据库查询方法应用到现有的空间数据查询中来。因此，适当降低查询精度的空间近似查询技术（Spatial Approximate Query Process，SAQP）应运而生。

本书面向海量地理要素实时交互式可视化需求，探究空间近似查询技术。地理要素交互式可视化是指用户通过漫游、缩放、变换视角等操作对任一区域的要素数据进行在线浏览，实现特定地理要素的更新、在线编辑和上传。对于大规模、精细化的地理要素数据集，地理要素的交互式可视化和在线编辑是非常困难的，这是因为当用户任取一个地理范围时，该范围内所有要素的大小无法预计，数据结果将无法有效传输和使用，难以实现交互式可视化和在线数据编辑。

目前，互联网地图服务采用地图瓦片的方式实现交互式的地图可视化。主要实现方法是：首先，在地理要素数据集的基础上预先分块生成规则瓦片，包括含图像像素的栅格瓦片和含坐标数据的矢量瓦片；然后基于瓦片提供地图服务以应用于在线的地理数据浏览。然而，地图瓦片的方式进行交互式可视化的实现存在一些局限：用户难以自行选择浏览的数据内容；由于数据瓦片化，地理要素的一致性不易保持，无法进行编辑；要素数据频繁更新的情况下，必须重新生成所有与更新要素相关的规则瓦片，这一过程较为消耗资源。

直接使用地理要素数据集的空间近似查询结果进行数据可视化和数据编辑是一种有效的解决方法。近似是指计算结果有可能不是最精确的，但是在用户可以容忍的误差范围之内，并且有着较低的资源消耗。资源指在计算机复杂理论之中的标准，包含空间、时间或者查询次数等。

1.2.2　数据模型

本书的主要研究对象为基于对象的模型，即矢量数据。用基于对象的模型来表达现实世界有不同的实现方法，目前比较主流的方法有无拓扑的开放地理空间信息联盟（Open Geospatial Consortium，OGC）、简单要素模型（Simple Feature Specification，SFS）以及基于拓扑的数据模型。无拓扑的简单要素模型的具体应用包括 Shapefile 文件格式、KML 格式等，基于拓扑的数据模型包括 Arc Coverage 以及 OpenStreetMap 基础源数据模型等。

为了实现海量地理要素交互式可视化、编辑能够高效和快速地响应，需要考虑查询结果的动态变化和用户需求，因此，本书选择使用带有拓扑结构的数据模型，该模型与 OpenStreetMap 有一定的相似之处，且与广泛流行的网络模型相容。本书将地理要素集中的几何对象分为三类：顶点、线和组合对象。三类元素被广泛用来表示各种地理要素，在要素模型之中，以顶点为最小粒度，在顶点对象之上定义了线对象的集合，在线对象的基础上定义了组合对象。

（1）顶点。定义在三维流形上的只有位置而无大小、内外之分的几何对象；它们是地理要素集中的最基本单元，所有的其他几何对象都由顶点以一定的结构形成。

（2）线。由有限个顶点所构成序列表示的几何对象。除首尾顶点外，所有中间顶点的度为 2；它们同样属于较为基本的几何对象，是组成其他更复杂对象的部件。线的主要特点是其为内部的顶点设立了一个全序关系。

（3）组合对象。由线对象或其他组合对象的序列或集合所定义的对象。组合对象是定义较为宽泛的一类对象，其组成元素可以是线对象，也可以是其他的组合对象，这些元素之间可以存在顺序以形成一个序列，也可以没有顺序，只是形成一个对象的集合。地理要素中的复杂几何，例如面对象、带有岛和洞的多边形对象、多边形集合等，都能以组合对象表示。

顶点、线和组合对象均可以作为地理要素的几何部分,地理要素的属性部分则由属性表表达。通过上述定义,地理要素的数据模型可以较为方便地转换为网络模型,只需要将度大于2的顶点定义为网络中的顶点,将线对象定义为网络中的边,而将组合对象定义为网络中的路径及其集合,这样即可以建立起地理要素集与网络数据间的映射关系,使得网络模型中可用的算法和处理操作可以非常自然地应用于地理要素集。

地理对象的几何部分遵循的基本原则如下:

(1)同一位置只能存在单一的顶点对象,也就是说若两个不同的顶点具有完全相同的坐标,则必须将两者合并,否则就存在数据不一致;

(2)线对象的构造原则与简单要素模型中的线对象要求相同,即除首尾顶点外,不能存在自交;

(3)首尾顶点相同的线对象视为一个闭合的环,闭合的环可以作为面对象的外轮廓线;

(4)数据模型中没有独立的"面"(多边形)的概念,面作为一类特殊的线对象存在,其几何组成部分是环,属性(Tags)部分有特殊标识与普通的线对象相区别,并使得后续的处理如地图渲染及空间分析等可以正常进行;

(5)复杂的几何对象如带有岛或洞的多边形则使用组合对象表达,它们包含一个外轮廓线,一个或多个内轮廓线。组合对象不仅能表达由多段首尾相继的线对象组成的更大规模的线状要素或者面状要素,还可以表达点集、网络等复杂的要素。

地理对象的属性信息是通过键值对(Key-Value)的形式表示,键值对使得数据的 Schema 极为灵活,与通常的要素属性信息以固定 Schema 的关系表存储具有不同特点。不同的几何对象其键-值对的数量和值都可能不同。

1.2.3　相关定义

由于地理要素的几何部分是应用于地理数据交互式可视化、在线编辑、探索性数据分析的主要数据内容,因此,本书中地理要素指地理要素的几何部分,地理要素的近似均表示对其几何部分的近似。

SAQP 的执行过程通常分为两个阶段:①离线数据预处理,例如通过可接受的误差生成数据概要,便于之后的近似计算;②利用预处理生成的概要数据进行查询操作,在较短的时间内获取查询结果(通常是在秒级以内),查询期间只需访问一小部分数据。面向海量地理要素实时交互式可视化需求,数据预处理中数据概要操作理解为地理要素的近似,查询可以理解为窗口近似查询。

定义 1-1:地理要素的近似。假设地理要素 F 由组合对象 R 表示,R 可以表示为线序列 $R = (L_1, L_2, \cdots, L_n)$ 的集合,线表示为顶点序列 $L_i = (P_{i,1}, P_{i,2}, \cdots, P_{i,m})$ 的集合。通过一定的近似算法,地理要素 F 可以近似为 F',同理,F' 可以由组合对象 R' 表示,R' 的组成线序列为 R 的组成线序列的子序列,线对象 $L_i' = (P_{i,1}', P_{i,2}', \cdots, P_{i,k}')$ 也为 L_i 的子序列,即 $L' \subseteq L$,$R' \subseteq R$。在此情形下,称 F' 为地理要素 F 的近似。

定义 1-2:近似误差。若 F 为一个地理要素,对地理要素进行近似算法得到 F',为了衡量 F' 对 F 近似的程度,引入距离函数 $D(\cdot, \cdot)$ 衡量的 F' 与 F 的误差,记为 ε,$\varepsilon = D(Y, Y')$。

定义 1-3:查询误差。若 F 为一个地理要素,F' 为此地理要素的一个近似。将 F 与 F' 同时应用于查询操作 Opr,其操作结果分别记为 $Y = \text{Opr}(F)$ 和 $Y' = \text{Opr}(F')$,引入距离函数 $d(\cdot, \cdot)$ 来计算 Y 与 Y' 之间的差别,其结果记为 $\delta = d(Y, Y')$,则 δ 称为面向操作 Opr 的 F' 的误差。一般情况下,可以用近似误差作为查询误差。

地理要素的近似可以类比为地理要素的简化,简化的过程中并不引入新的顶点。根据查询条件,可以将近似查询分为三类:一是以近似要素与原始要素之间的误差为阈值,返回误差不超过 ε 的地理要素;二是以查询结果的数据量为阈值,一般用顶点数量表示,返回不超过给定数量 ♯ 的地理要素；三是以查询时间为阈值，当查询时间 t 到达阈值时立即停止查询操作，返回查询结果。

定义 1-4：数量约束的近似查询。给定查询结果数量阈值 $\sharp$，通过查询操作，返回的地理要素所包含的顶点数量不超过 $\sharp$，记为 $Q_{S\_\sharp}$。

定义 1-5：时间约束的近似查询。给定查询时间阈值 t，在执行空间查询的过程中若时间达到 t 时返回查询结果，记为 Q_{S_t}。

定义 1-6：误差约束的近似查询。给定误差阈值，通过查询操作，返回的地理要素与原始地理要素的误差不大于 ε，记为 Q_{S_ε}。

窗口查询是空间数据库中的一个基础查询，可视化、空间分析等均与窗口查询密切相关，其中实时的地理数据可视化的数据即来源于窗口查询的结果。窗口近似查询是将与给定查询窗口相交的空间对象的近似返回给查询者。因此，面向交互式可视化的空间近似查询可以理解为窗口近似查询，这种查询可以满足误差和数量约束条件，对窗口查询和窗口近似查询做如下定义。

定义 1-7：窗口查询。给定一个空间查询范围 $W=\{x_{\min},y_{\min},x_{\max},y_{\max}\}$，获取该空间范围内的空间对象，包括点、线及组合对象等作为查询结果。

定义 1-8：窗口近似查询。给定一个空间范围 $W=\{x_{\min},y_{\min},x_{\max},y_{\max}\}$，对组合对象 $R_0=\{L_0,L_1,\cdots,L_n\}$、线对象 $L_0=\{P_0,P_1,\cdots,P_n\}$ 进行查询操作，根据误差约束 ε 或数量约束 $\sharp$，窗口近似操作定义为 $Q_A(W,\varepsilon,R_0)$、$Q_A(W,\sharp,R_0)$、$Q_A(W,\varepsilon,L_0)$ 和 $Q_A(W,\sharp,L_0)$，其中 $Q_A(W,\varepsilon,R_0)=Q_{CW}(W,Q_{S\_\varepsilon}(\varepsilon,R_0))$，$Q_A(W,\sharp,R_0)=Q_{CW}(W,Q_{S\_\sharp}(\sharp,R_0))$，$Q_A(W,\varepsilon,L_0)=Q_{CW}(W,Q_{S\_\varepsilon}(\varepsilon,L_0))$，$Q_A(W,\sharp,L_0)=Q_{CW}(W,Q_{S\_\sharp}(\sharp,L_0))$。

若希望取得地理要素集中所有要素的近似表示，这一查询过程被称为针对地理要素数据集的近似查询。假设地理要素数据集 $S=\{F_i\}$，若存在 $S'=\{F_i'\}$，使其满足条件 $\forall i,D(\mathrm{Opr}(F_i),\mathrm{Opr}(F_i'))<\varepsilon$ 或者 $|S|<\sharp$，则称 S' 为 S 的近似查询结果。

1.3 层次化模型

1.3.1 基市概念

层次化模型也称多分辨率模型,由一组对原模型进行不同精度逼近的模型组成[1]。Clark[2]在 20 世纪 70 年代提出了层次化模型思想,用简化的模型表示可以大大提高绘制速度,同时不影响图像效果,这正是构造层次化模型最基本的优点之一。层次化模型中隐含的逐步求精的思想已经得到了一定的应用,而如何将一个大规模的地理数据构造层次化模型为交互式可视化查询提供模型基础是一个值得研究的问题。

层次化模型的建立是空间近似查询预处理阶段的重要步骤,其目的是基于地理要素数据建立起顶点层次结构,以实现对顶点进行误差可知的采样。查询阶段的操作则在每次查询处理时实时完成,基于顶点层次化模型进行加权遍历以获得对地理要素的实时采样。

1.3.2 顶点采样方法

顶点作为一个最小单位,是要素模型中一个极其重要的特性。矢量数据中线对象、面对象及组合对象的近似是对要素逐步化简的过程,通过顶点采样方式,将地理要素划分为不同长度的子序列,进而获得地理要素的近似对象。以顶点为基本粒度,采用近似方法来进行顶点序列划分,揭示和划分顶点层次并对其进行分析是了解现实生活中各种地理要素组织结构的一种重要思想。

本节通过总结几种常用的顶点序列采样策略,获得一般性的顶点采样与线划分的过程。设线对象 L 由顶点序列 $(P_0, P_1, \cdots, P_n)$ 组成,顶点序列构成的线无自交。对任意 $i \neq j$ 则 $P_i \neq P_j$,且 $S_{P_i, P_{i+1}} \bigcap S_{P_j, P_{j+1}} \in \{P_k\}, k = 0, 1, \cdots, n$,所有的相邻顶点组成的线段没有内部交点。顶点序列的处理过程如下:首先将 $L = (P_0, P_1, \cdots, P_n)$ 化简至最简单形式即 $L' = (P_0, P_n)$ 即只包含两个顶点的序列,然后计算 L 与 L' 的差值,即 $\varepsilon_{0,0} = d(L, L')$,并将此误差关联至 L'。假设每次采样选择一个顶点,依据顶点采样策略选择顶点 P_i,将 L 进行二分以形成 2 个子序列,分别记为 $L_{0,1} = (P_0, P_1, \cdots, P_i)$ 与 $L_{1,1} = (P_i, P_{i+1}, \cdots, P_n)$,将 $L_{0,1}$ 与 $L_{1,1}$ 分别化简至最简单形式,即 $L'_{0,1} = (P_0, P_i)$ 及 $L'_{1,1} = (P_i, P_n)$,并计算两者的误差 $\varepsilon_{0,1} = d(L_{0,1}, L'_{0,1})$ 与 $\varepsilon_{1,1} = d(L_{1,1}, L'_{1,1})$,将 $\varepsilon_{0,1}$ 关联至 $L'_{0,1}$,将 $\varepsilon_{1,1}$ 关联至 $L'_{1,1}$,继续这一迭代过程,直至所有的序列都被划分至只包含两个顶点为止。

划分点的选择策略是要素数据预处理的关键点之一,本节介绍几种朴素的顶点采样方法:随机采样、等间隔采样、Douglas-Peukcer(DP)算法与 Visvalingam-Whyatt(VW)算法。DP 算法和 VW 算法是线状要素抽稀的经典算法,在大规模线要素中使用,既可以精简数据量,也可以在很大程度上保留几何形状。在地图综合中,也称作地图数据的概化算法。

(1)随机采样

随机采样是一种简单的地理要素简化方法,除起止点外,随机选择采样点,采样点将线对象划分为两个子线段,递归执行采样与划分,直到所有的中间节点均被采样。如图 1-1 所示,给定线对象 $L = \{P_0, P_1, \cdots, P_8\}$,除起止点外,随机选择 $P_1, P_2, \cdots, P_7$ 的任意一点进行划分,若选择 P_2,线对象 L 被划分为 $L_1 = \{P_0, P_2\}$ 和 $L_2 = \{P_2, P_8\}$;继续对 L_1 和 L_2 进行划分,随机选择 L_1 和 L_2 中任意一点,若选择 P_1 和 P_6,则 L 被划分为 $L_3 = \{P_0, P_1\}$、$L_4 = \{P_1, P_2\}$、$L_5 = \{P_2, P_6\}$、$L_6 = \{P_6, P_8\}$;重复上述过程,直至子线段不可划分。

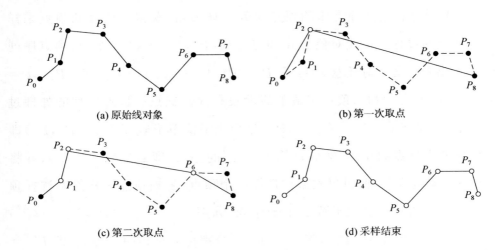

(a) 原始线对象   (b) 第一次取点

(c) 第二次取点   (d) 采样结束

图 1-1 随机采样示例

（2）等间隔采样

等间隔采样设置间隔值，依据特定间隔选点对线对象进行递归划分，直到遍历到每个顶点为止。如图 1-2 所示，给定线对象 $L = \{P_0, P_1, \cdots, P_8\}$，设置采样间隔为 1，每间隔 1 个顶点选择采样点，L 被划分为 $L_1 = \{P_0, P_2\}$、$L_2 = \{P_2, P_4\}$、$L_3 = \{P_4, P_6\}$ 和 $L_4 = \{P_6, P_8\}$；继续以间隔 $k = 0$ 划分，L 被划分为 $L_5 = \{P_0, P_1\}$、$L_6 = \{P_1, P_2\}$、$L_7 = \{P_2, P_3\}$、$L_8 = \{P_3, P_4\}$、$L_9 = \{P_4, P_5\}$、$L_{10} = \{P_5, P_6\}$、$L_{11} = \{P_6, P_7\}$、$L_{12} = \{P_7, P_8\}$。

简化后的对象与原始对象之间的差异与使用的采样方法和简化程度有关，随着简化程度逐渐减小，差异逐渐变小，当采用随机采样和等间隔采样将顶点全部遍历后，两者间的差异缩小为 0。本节将逐步简化后的对象与原始对象所围成的面积值作为误差值，衡量地理对象的简化程度。

（3）Douglas-Peukcer 算法

图 1-3 为 DP 算法的示意图。DP 算法的基本思路如下：①首先设定距离阈值 ε，将待处理线对象 $L_0 = \{P_0, P_1, \cdots, P_n\}$ 的首末端点虚连一条直线 S_{P_0, P_n}；②求 L_0 上任意中间顶点 P_k，$0 < k < n$ 与直线段 S_{P_0, P_n} 的距离 $d(P_k, S_{P_0, P_n})$，找

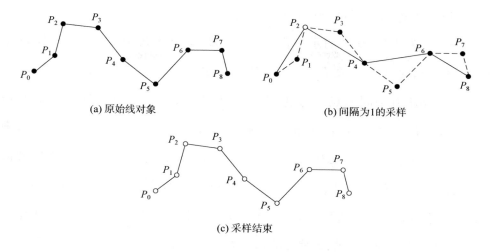

(a) 原始线对象 (b) 间隔为1的采样

(c) 采样结束

图 1-2　等间隔采样示例

出最大距离的顶点 P_m，最大距离值 $d(P_m,S_{P_0,P_n})$ 满足 $d(P_m,S_{P_0,P_n})\geqslant d(P_k,S_{P_0,P_n})$，$0<m,k<n$；③将最大距离值与阈值相比较，若 $d(P_m,S_{P_0,P_n})<\varepsilon$，这条线上的中间点全部舍去，算法结束；若 $d(P_m,S_{P_0,P_n})\geqslant\varepsilon$，则以 P_m 为分割点将线对象分为两条子曲线；④对两部分子曲线重复上述步骤，直至所有的点都被处理完成。

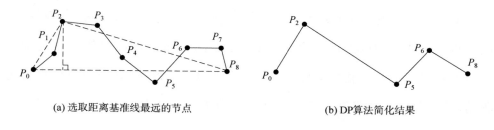

(a) 选取距离基准线最远的节点 (b) DP算法简化结果

图 1-3　DP 算法示例

设定 $\varepsilon_k=d(P_k,S_{P_i,P_j})$，$0<i<k<j<n$，$\varepsilon_k$ 表示顶点 P_k 与线对象子曲线 $L_0=\{P_i,P_{i+1},\cdots,P_j\}$ 的基准线 S_{P_i,P_j} 的偏离距离。通过距离阈值 ε，可以保证线对象的简化结果与原始线对象的最大位置误差保持在一定范围之内，从而实现误差控制。

（4）Visvalingam-Whyatt 算法

图 1-4 为 VW 算法的示意图。VW 算法的基本思路如下：①首先设定距离阈值 ε，对于线对象 $L_0=\{P_0,P_1,\cdots,P_n\}$ 中的任意中间节点 P_k，$0<k<n$，计算所有中间节点与其相邻的两点 P_{k-1}、P_{k+1} 所包围的三角形面积 $S\triangle P_{k-1}P_kP_{k+1}$；②找出面积最小的顶点 P_m，面积值为 $S\triangle P_{m-1}P_mP_{m+1}$，满足 $S\triangle P_{m-1}P_mP_{m+1}\leqslant S\triangle P_{k-1}P_kP_{k+1}$，$0<k,m<n$；③将最小面积值与阈值相比较，若 $S\triangle P_{m-1}P_mP_{m+1}>\varepsilon$，则所有的中间节点都保留，算法结束；若 $S\triangle P_{m-1}P_mP_{m+1}\leqslant\varepsilon$，则删除该点，连接 P_{m-1}、P_{m+1}；④对新生成的曲线循环执行选点与删点操作，直至所有的面积均大于阈值。

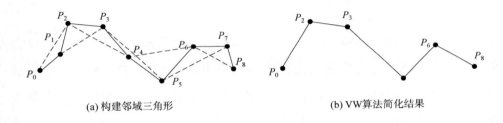

(a) 构建邻域三角形　　　　　　　　　(b) VW算法简化结果

图 1-4　VW 算法示例

在一些情况下，中间顶点与其相邻两顶点之间所构成的三角形面积可能很小但形成的空间距离较大（即角度很小的锐角），也可以作为重要顶点保留，但 VW 算法根据面积判断很可能将其删除，而 DP 算法中不会出现这种情况。因此，两种算法在简化结果上会存在视觉差异。

1.3.3　地理要素的层次化模型

空间数据与非空间数据在近似查询处理中主要差异在于空间数据的基本元素间存在显式的内部关系，例如顶点的序列构成线对象，线对象的序列构成面对象及其他复杂组合对象。因此采样过程中所有的空间对象单元间的内部结构必须得以保持。这些内部结构包括线对象中顶点的先后次序、组合对象中线对象的先后次序、线对象间的拓扑关系等。

　　选择一个正整数 k，将 D 内元素进行划分以形成 k 个子集，每个子集为 $D_{i,1}$，且满足 $\bigcup_{i=0}^{k} D_{i,1} = D$，对每个数据子集进行数据操作 Opr，得到的结果记为 $R_{i,1} = \mathrm{Opr}(D_{i,1})$，并对每个数据子集 $D_{i,1}$ 进行简化至最简单形式形成 $D'_{i,1}$，同时对简化的 $D'_{i,1}$ 进行数据操作，获得的结果记为 $R'_{i,1} = \mathrm{Opr}(D'_{i,1})$，使用距离函数度量 $R_{i,1}$ 与 $R'_{i,1}$ 的差别 $\varepsilon_{i,1} = d(R_{i,1}, R'_{i,1})$。记录 $D'_{i,1}$ 及 $\varepsilon_{i,1}$，对于每个集合 $D_{i,1}$ 继续迭代上述步骤，直至每个集合的元素个数降为最小值，最终形成具有嵌套关系的一系列集合 $\{D'_{0,0}\}, \{D'_{i,1}\}, \cdots, \{D'_{i,h}\}$ 及其伴随的误差值 $\varepsilon_{0,0}, \varepsilon_{i,1}, \cdots, \varepsilon_{i,h}$，其中 $h = O(\log_k n), n = |D|$ 为原始数据集合元素个数。根据这一迭代过程，可以将 D 在迭代划分的过程中形成的嵌套集合映射为一个层次结构，此层次结构即可用于处理针对数据操作 Opr 的近似查询，并报告近似结果的误差上界。

1.4　分布式内存计算

　　地理要素的几何逼近是一个计算密集型问题，无论是在给定误差的条件下求最小数据量的近似，还是在给定数据量的条件下求得最小误差的近似，寻找最优解没有有效的多项式时间算法。面向交互式可视化的近似查询需要对地理要素数据集进行预处理以形成特定结构的样本集，而预处理过程具有计算密集与 I/O 密集的特点，可以考虑采用分布式内存计算方法以提高数据预处理的速度。

　　分布式计算是利用网络将成千上万的计算机连接起来，组成一台虚拟

的超级计算机,完成单台计算机无法完成的超大规模的计算问题。图 1-5
列举了几种具有代表性的计算系统和框架。

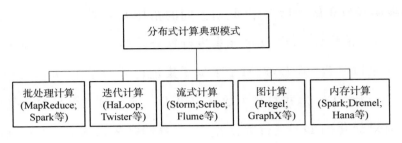

图 1-5 分布式计算的典型模式

(1) 批处理计算

批处理计算是一种针对海量数据的离线计算模式,先将数据进行存
储,再对存储的静态数据集中处理。批处理计算时效性不高,但可以解决
大数据的线下处理任务,对于空间大数据中非实时的计算类型都可以视
为批处理任务。批处理计算的典型代表是 MapReduce,模型通过单输入
及 Map、Reduce 两个阶段进行数据处理,使用最为广泛的开源版本为
Hadoop MapReduce。Hadoop 是经典的大数据批处理计算架构,由分布式
文件系统(Hadoop Distributed File System,HDFS)负责静态数据的存储,
并通过 MapReduce 将计算逻辑分配到各数据节点进行数据计算和价值
发现。

MapReduce 模型的框架主要包括数据存储(Input)、数据映射(Map)、
中间结果复制(Shuffle)、中间结果排序(Sort)、中间结果归并(Reduce)和数
据输出(Output)六个部分。如图 1-6 所示,①数据存储表示将海量数据进
行存储,并将存储的数据分割为多个切片,以键值对的形式进行解析;②数
据映射是指生成若干对应的新的键值对;③中间结果复制指将相同键的中
间结果汇聚到同一计算节点;④中间结果排序表示将中间结果按照键名进

行分组排列;⑤中间结果归并表示将重新排序后的中间结果进行归并,调用用户自定义的归并算法,归并运算后输出最终的键值对;⑥数据输出表示将输出的键值对写入存储系统的输出目录中。

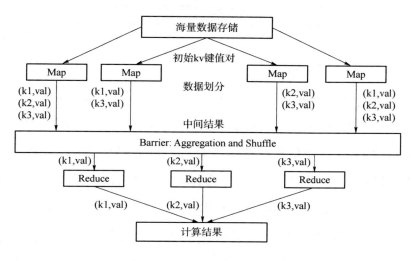

图 1-6　MapReduce 系统架构

(2) 内存计算

内存计算是一种提高大数据计算性能的分布式计算,严格意义上并不属于一种计算模式,内存计算的最大改变在于处理器不需要从外部存储器获取数据输入状况,参与计算的输入数据和中间结果等可以存储于内存中,因此,系统 I/O 次数大大减少,较大程度地提高了计算性能。内存计算主要用于数据密集型计算的处理,针对密集大数据的处理,需要极高的数据传输及处理速率。因此在内存计算模式中,数据的存储与传输取代了计算任务成为新的核心。Spark 是分布式内存计算的一个典型系统,如图 1-7 所示,通过分布式弹性数据集技术可以实现内存共享,并以内存计算的方式实现高速的大数据处理,具有优异的计算性能,因此 Spark 相比于 MapReduce 来说在 I/O 方面有很大的优势。内存计算是未来大数据计算的主要发展方向之一,能较大程度上提高系统的整体计算性能。

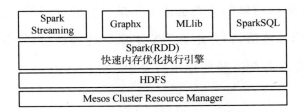

图 1-7　Spark 项目结构图

　　Spark 基于 Hadoop 基础框架,包括 Spark Streaming(实时流式计算)、SparkSQL(大数据查询引擎)、Graphx(图计算)、MLLib(机器学习)。

　　Spark 架构采用分布式计算的 Master-Slave 模型,Master 是对应集群中的含有 Master 进程的节点,并作为整个集群控制器,负责集群的正常运转,Slave 是集群中含有 Worker 进程的节点,是计算节点,接收 Master 的命令并进行状态汇报,Executor 负责任务执行,Client 作为用户的客户端负责提交应用,Dirver 负责控制应用的执行,SparkContext 为整个应用的上下文,分布式弹性数据集(Resilient Distributed Datasets,RDD)为 Spark 的基本计算单元,DAGScheduler 为有向无环图调度器,TaskScheduler 为任务调度器,SparkEnv 是线程级别的上下文,存储运行时的重要组件应用,如图 1-8 所示。

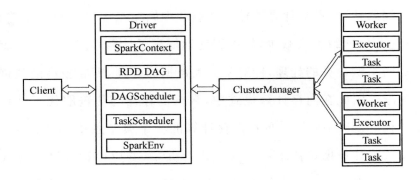

图 1-8　Spark 架构图

1.5　本章小结

　　本章重点对本书中涉及的概念和方法进行说明，主要包括交互式可视化中近似查询、空间近似查询、层次化模型和分布式内存计算的基本概念和相关技术方法。通过这些内容，读者能够对面向海量地理要素交互式可视化的空间近似查询方法有一个总体的了解。

第 2 章　国内外研究现状

2.1　近似查询与空间查询现状分析

2.1.1　近似查询

近似查询根据技术实现的差别主要分为在线聚合和基于采样的查询两类。在线聚合是基于统计学的采样理论进行近似查询,实时地根据反馈查询结果计算置信区间的过程[3-5]。J.Hellerstein 采用了该方法,不仅设置了用户界面,还改变了传统数据库系统中需要长时间才能获取结果的模式[6]。Haas 以中心极限原理和间隔公式为基础,实现了具有单表、多表的 AVG、COUNT 等查询[7],得到置信区间,但该方法存在一定的局限性,它对于空间数据库的效果不太稳定。基于采样的查询方法是通过采样处理预先建立样本集[8]。Joshi 针对传统采样技术提出了分层抽样,将分层与贝叶斯框架相结合[9]。X.Meng 描述了简单的随机抽样方法,并扩展到分层抽样,在MapReduce 中可以有效地减小中间输出的大小,大大提高负载平衡[10]。Gibbons 分析比较了简洁采样和计数抽样方法[11],并提出了快速增量维护技术,该方法在空间数据库中保持元素间的子结构,不能用于空间数据库。

Surajif Chaudhuri 等人对基于采样的查询进行了详细的理论分析,并提出预先计算的采样方法,弥合了在线和离线的极端性[12]。这一思想是非常有价值的,但在空间查询方面却没有相关的研究成果和现成方案。

实时数据库是早期研究者提出近似查询技术的原因之一,由于短时间内无法反馈精确结果,而采用近似结果以提高处理速度的思想成为查询领域研究的热点。ODGH92 针对非聚集查询,提出了基于子集和超集定义模式实现结果的近似[13];Wen-Chi Hou 针对实时数据库提出了关联集合的近似查询处理技术[14];Christodoulakis 在原型数据库管理系统中提出了一种严格控制聚合关系查询处理时间的算法,称为 CASE-DB[15];Vrbsky 描述了面向对象的查询处理器,采用了基于近似关系数据模型产生近似结果的框架[16],使得查询更有效率。Barzan Mozafari 对近似查询处理的各个方面展开研究,包括不同的采样策略、误差估计机制和数据摘要的构建,重点讲解了面临的挑战和解决对策[17]。

国内外研究学者对近似查询的基本原理、实现方法和基本框架展开了一系列讨论[3,4,18]。获取样本数据是近似查询的主流方案,研究学者将其样本数据的获取技术称为数据约简或数据压缩技术。D.Barbara 对数据约简技术进行综述,将其分为参数技术和非参数技术,两者的区别在于是否构建模型[19];J.Shanmugasundaram 采用了聚类分析技术进行压缩数据方体,将数据看成空间中的点,找到密集区域近似表示 cluster,节省数据存储量[20];I.Lazaridis 使用了增加节点子树聚集值的多分辨率聚合树的结构完成数据的存储,并逐步按照要求细化,逐步接近精确结果[21];F.Korn 则采用了奇异值分解技术对时间序列数据进行交换[22];D.Barbar 则采用线性回归技术进行数据建模[23]。D.Margaritis 利用了贝叶斯表示数据内在联合概率分布的特点压缩数据[24],对查询生成近似计数。

在近似查询引擎实现方面,BlinkDB 是基于 Shark 和 Hive 所构建的近似查询引擎,是常用的近似查询框架,采用了自适应优化框架和动态样本选择策略,可以在不查询整个数据集的基础上,在规定时间内反馈带有一定误差的结果。S.Agarwal 和 A.Panda 在 2012 年采用大规模并行的 BlinkDB 框架,扩展了 Hive/HDFS 堆栈,并且执行各种类型的查询[25]。实验表明,针对存储在 100 台机器上数据量为 50 TB 的数据,BlinkDB 可以执行大范围的查询,其处理速度比 MapReduce 上的 Hive 高出 150 倍,比 Shark 快 10~150 倍,误差范围为 2%~10%。2013 年,S.Agarwal 基于该框架,对部署在多达 100 个节点的 17 TB 数据运行点对点(Ad-Hoc)模式的交互式结构化查询(Structured Query Language,SQL)[26],近似查询以误差和时间作为约束条件,在 2 秒内完成了准确度高达 90%~98% 的近似查询,上述研究均表明 BlinkDB 框架可以高效地实现近似查询。

2.1.2　空间查询

近年来随着地理信息系统[17]、计算机辅助设计、计算机图形学、基于位置的服务、超大规律集成电路、车辆导航系统、运输管理系统等应用需求的增长,空间查询与空间索引的研究一直是相关领域的热点主题,如计算机科学的数据库方向和数据挖掘方向、地理信息科学、计算几何等。特定的应用需求会产生新类型的空间查询,研究者提出新的空间索引及其算法以处理这些空间查询。不同的空间索引具有不同的适应性,其应用效果取决于空间查询的类型。

空间查询、空间数据分析与具体应用关系极为密切。具体的应用需求决定着空间数据管理的目标,同时决定了空间查询的模式与空间数据分析任务,进而决定着空间索引与查询算法的选择。图 2-1 为若干空间查询的资源消耗情况,可以看出,不同的空间查询在计算资源和 I/O 资源消耗上表现不同,其中,窗口查询消耗最多的 I/O 资源,但是具有较少的计算资源消耗。下面将从计算密集性、I/O 密集性等维度来讨论空间查询的类型。

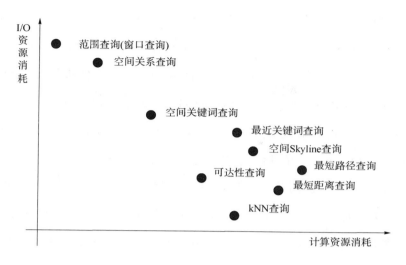

图 2-1　空间查询的资源消耗情况

　　若将数据库的操作分为读/写两类,读/写数据的规模分为少量和大量两类。如果根据数据库的特点进行划分,可以分为简单操作与复杂操作,对于简单操作为主的数据库在实践中有一些值得注意的要点[27]。从地理空间科学的角度来考虑,空间数据库最常处理的查询之一是范围查询,其查询结果具有较大数据量,而其更新等操作则相对处理较小的数据量,因此空间数据库既包含简单操作,也包含复杂操作,读/写数据都较为频繁。对于执行关键字检索、属性检索的空间数据库,往往具有少量读写的特点;对于执行数据可视化类应用查询的数据库,则具有大量读,少量写操作的特点。本书所针对的全球精细尺度的地理要素数据库如 OpenStreetMap,一方面需要处理空间范围查询,具有读取大量数据的特点;另一方面接受在线数据编辑与更新,具有实时操作的特点,既有大量复杂的读操作,也有大量复杂的写操作,类似于在线事务处理系统与数据仓库的混合体,因此对于其空间查询处理技术的研究,具有相当的挑战性。

　　只包含空间条件的查询可以分为基于距离的查询和基于拓扑的查询。基于距离的查询包括空间范围查询(Range Query)、最近邻查询(Nearest

Neighour Query)[28]、带约束的最近邻查询及同系列包含其他变化的查询类型[29-31]；基于拓扑的查询包括最短路径查询（Shortest Path Query）[32-34]、最佳相遇点查询（Optimal Meeting Point Query）[35]、可达性查询（Reachability Query）[36]、距离保持子图查询（Distance-Preserving Subgraph）[37]等。空间范围查询是最为基础的空间查询，在二维情形下也被称为窗口查询（Windowing Query）。可以认为空间范围查询是范围查询（Range Query）在高维空间的推广，查询条件的略微变化会使范围查询有很多可能的情形，如三边范围查询（3-sided range Query）等。几乎所有的基本空间索引都是用于有效处理范围查询的，如 R-tree 系列[38-40]、四叉树系列[41]、KDB-tree[42]、LSB-tree[43]、GiST 索引[44]等，通常地理空间数据的维度不会太高，主要集中在二维到三维的范围内。理论上当维度增加时，大部分空间索引的性能会急剧下降，因此有部分空间索引是专为高维情形进行优化的，如 UB-tree[45]以及 X-tree[46]等。

除包含空间条件外，同时包含其他条件进行的联合查询是数据库领域近年的研究热点。查询类型主要包括空间关键词查询（Spaital Keyword Query）[31,47-49]，最近邻关键字查询（m-Closest Keywords Query）[49,50]、空间天际线查询（Spatial Skyline Query）[51]等，这些查询往往同时运用空间条件和非空间条件对索引结构进行联合剪枝，以最快地减小候选集的大小，提高查询处理的速度。很多研究根据空间条件和其他搜索条件，如文本搜索条件等，来建立已有空间索引（如 R 树、四叉树等）的扩展，使之能够同时处理空间条件和非空间条件以最大效率地缩小搜索空间。

空间数据压缩及化简也是一项常见的应用。近年来，车辆轨迹化简是其中具有代表性的研究方向[52-55]，主要讨论的是对于由 GPSLogger 设备所生成的轨迹数据，如何进行数据缩减。这些研究提出根据特定的查询类型来定义误差，并在顾及误差的情况下进行数据化简，通常采用顶点采样的方法，但也不回避引入新的顶点。大部分研究未讨论以下两个空间数据库应用中的重要问题：一是查询需要可视化的大量数据，二是数据更新。文献[56]对空间数据库进行采样以处理聚集查询，其主要思想是将采样从一般的数据库引入到空间数据库，然后用与采用相关的数据结构来管理和组织这些采样数据，主要方法为1/2采样，然后以扩展的R树组织采样数据。

由于空间网络数据规模的不断增长，近年来运用近似计算的思想对针对网络相关的查询进行近似处理也出现了很多成果，已有研究学者提出了利用特定损失函数对道路网络数据进行化简，并以简化的网络为基础进行相关查询的近似处理[33,57,58]，以提高查询处理的实时性，同时有效约束处理过程中产生的误差，很有启发性。但是这些研究并未将窗口查询结果的规模控制作为目标。本书主要考查的空间查询类型是窗口查询，将地理要素的顶点采样结果作为窗口查询的结果，客观上达到了误差可控与时间可控的地理要素数据缩减，同时考虑空间数据库的数据更新及数据一致性保持等需求，在现有地理空间数据库的基础上构建为一个按顶点实时组织的地理要素近似查询引擎。

2.2　分布式计算现状分析

近几年来，大数据受到学术界、产业界、政府和公司的高度关注[59-62]。空间数据是指与空间位置有关的事物描述，无论是在数据的容量、数据的类型、数据产生的速度和数据的价值方面，都是典型的大数据。随着对地观测技术的快速发展，空间数据的类型和容量更是快速增长，给空间数据存储、管理、处理、可视化和应用方面带来了重大挑战[63]。在这种情况下，把大数据领域内的典型方法和技术"移植"到传统的空间信息领域，可以提供一些新的理论方法和洞见。

1. 分布式计算研究现状

随着计算机技术的成熟，为以互联网为应用场景的大数据研究提供了核心支撑。在技术实现层面，分布式计算模式依据数据的不同特征和计算需求，通过对方法的抽象或模型生成，提供了大数据计算所需工具。目前，典型的分布式计算模式主要有批处理计算模式、内存计算模式等。

（1）批处理计算模式

批处理计算是一种面向海量离线数据的批处理计算模式，主要用于大数据的线下处理，对计算的实效性要求不高，其典型代表是 MapReduce[64-70]。MapReduce 是通过 Map 和 Reduce 两阶段处理数据，模型虽然简单，但在大数据处理上表现出超凡的能力。基于 MapReduce 实现的 Hadoop[71] 几乎成为大数据的代名词。

（2）内存计算模式

内存计算模式是利用分布式内存作为计算数据存储的中间介质，提高计算性能的分布式计算[72-75]。相比传统的计算，如 MapReduce 在外部存储介质中存储中间数据，内存计算将计算的输入数据、中间结果等都直接存储在内存中，避免了较慢的磁盘 I/O，从而提高了计算性能。Apache Spark 是目前分布式内存计算的一个杰出代表，其以分布式弹性数据集为核心实现内存共享，最终实现高速的大数据处理和优异的计算性能。随着内存价格的下降，内存计算越来越成为大数据计算的主流，其计算模式可以基于上述批处理计算、流式计算、迭代计算和图计算，能够起到提高系统整体计算性能的作用[76]。

2. 分布式空间计算研究现状

近年来，随着全球导航系统、航空勘测、激光雷达等的出现，地理空间数据量的急剧增多，且数据类型复杂多样，使得单台计算机已经无法完成这种超大规模的计算问题。考虑到分布式计算可以将成千上万的计算机连接起来组成虚拟计算机的功能,国内外研究者便产生了将空间数据与分布式计算结合的思想,引入了 MapReduce 框架开源实现 Hadoop 框架,Hadoop 逐渐成熟,但对于空间数据处理仍然存在不足,其核心框架不能很好地适应空间数据的特性。现有基于 Hadoop 处理空间数据的工作主要集中在特定的数据类型表达和数据操作等方面,如根据轨迹进行范围查询、基于点状数据进行 KNN 连接等,空间数据操作的效率也受到 Hadoop 内在因素的限制。

诸多学者考虑到这一问题,提出了其他应用框架。Simin You 等人从 Spark 和 Impala 原型中设计和扩展了 SpatialSpark 和 ISP-MC 原型系统,采用了亚马逊 EC2 集群上的数据集,实现了大规模的连接查询[77]。Ablimit Aji 引入了空间数据仓库系统 Hadoop-GIS,集成到 Hive 中以支持声明式空间查询的综合架构,利用全局分区索引和按需本地定制空间索引来实现高效的查询处理,通过空间分区实现了大量的实时空间数据查询,减少了高性能计算的复杂度[78]。Ahmed Eldawy 介绍了完整支持空间数据的 MapReduce 框架 SpatialHadoop,它是 Hadoop 的全面扩展,在 Hadoop 层注入空间数据感知、存储、MapReduce 和操作层,SpatialHadoop 增加了 SpatialFileSplitter 和 SpatialRecordReader 组件,并实现了基本空间数据操作,包括范围查询、KNN 和空间连接等[79]。Jia Yu 采用了 GeoSpark 内存集群框架,包括了 Apache Spark 层、空间 RDD 层和空间查询处理层,提供各种几何操作,包括重叠、相交等,还支持空间查询处理算法,包括 Spatial Range、Join、KNN 查询。除此之外,还允许用户创建空间索引(例如 R 树、四叉树),能够提升每个 SRDD 分区的数据处理性能,并表明 GeoSpark 存在更好的运行性能[80]。Rakesh K.Lenka 从不同角度研究比较了 SpatialHadoop 和 GeoSpark 框架,两者均可以处理地理空间数据,但 GeoSpark 处理速度较快,可以在灾害减缓和管理方面使用这两种框架[81]。

2.3 地理数据服务现状分析

传统的空间信息服务以系统为实现方式,不同系统之间差距明显,造成了数据共享服务困难、数据资源浪费等难题。同时,地理信息服务模式也存在信息孤岛、数据更新周期长、数据编辑困难和可视化效果差等弊端。但随着地理信息规模的不断膨胀和复杂化,用户对地理信息数据服务提出了更高的要求,尤其在可视化服务方面,主要表现在对系统实时响应的需求越来越高。因此,地理信息的存储策略与显示方式的选择成为地理信息服务领域面临的一个重要问题[82,83]。地理信息服务遵循网络服务体系架构和标准,利用网络服务技术在网络环境下实现地理信息数据的管理、分析、可视化、共享等应用功能[84]。基于互联网的地理信息服务经历了三个阶段的演变,分别为服务器实时绘图、服务端预先渲染生成地图瓦片、客户端全矢量绘图等方案[84]。

基于地图切片的 WebGIS 架构是在服务器端实时绘图方案,在此基础上将数据查询和地图渲染提前完成以改进性能[85,86]。WMTS[87-89] 与 TMS[90,91] 本质上是基于栅格数据格式,栅格格式地图结构简单,但无法进行高效的用户交互操作,数据更新、分析、编辑、自定义制图等功能由于需要原始的矢量数据因而较难完成。WMS[92] 则因地理信息服务与元数据不对称造成无法针对性地获取到所需要的矢量或栅格图层信息,从而难以实现矢量或栅格图层的无缝集成、数据更新等。

开源组织 MapZen 推出基于矢量瓦片的项目 TileStache[93,94]、OpenGIS 渲染引擎 Mapnik 推出的矢量瓦片格式 Mapnik Vector Tile、CartoDB 构建的 DBaaS [95]、MapBox 公司基于开源的 OpenStreetMap 工具均采用了矢量

瓦片的方式。但是这种矢量瓦片的方式难以实现实时的数据更新与渲染，当数据更新时，需要重新建立和组织矢量瓦片，代价较高。

在地理信息服务中，现阶段的 WebGIS 技术受到了矢量图形显示、数据格式、数据量、栅格瓦片与矢量瓦片在交互式操作与更新等多种因素的限制，为了更好地解决地理空间数据共享与服务，全矢量 WebGIS 架构应运而生。全矢量 WebGIS 架构的特征是地理数据的管理、查询功能分布在服务端，数据可视化、数据分析、数据编辑分布在客户端 Web 浏览器内，客户端与服务器交换基于对象的地理矢量数据。全矢量 WebGIS 可以弥补栅格切片方案的缺陷。客户端的分析、编辑、自定义制图等功能可以得到完整实现。全矢量 WebGIS 由三部分组成：①支持误差与响应时间约束条件的空间查询数据引擎；②运行于客户端的地图渲染引擎；③运行于客户端的数据分析、数据编辑等功能模块。目前已实现的全矢量 WebGIS 架构的应用包括 OSM potlatch[96,97] 以及基于 WebGL[98,99] 的 Google maps。

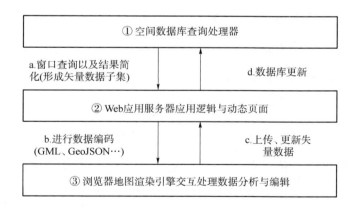

图 2-2　全矢量 WebGIS 框架结构

运行于客户端的地图渲染引擎使用户可以自定义符号、风格等，实现高亮选择等，需要依赖浏览器的绘图技术[100,101]。数据分析模块可以利用客户端获得的数据进行可达性分析、最短路径分析、空间分布分析等。数据更新模块使数据可以在客户端得到更新，之后上传至服务器，以在线以众包（Crowdsourcing）的方式完成自发地理信息（Volunteered Geographic Information，VGI）的采集[102]。数据传输的协议与编码方式可以采用已有的网络要素服务（Web Feature Service，WFS）与地理标记语言（Geography Markup Language，GML）[103,104]，也可采用更为紧凑的协议与格式。虽然目前的浏览器端技术已经能够完全支持全矢量 WebGIS 应用客户端的实现，但已实现的全矢量 WebGIS 架构的应用还较少。

2.4　大数据交互式可视化现状分析

科学计算可视化（Visualization In Scientific Computing，VISC）[105-107]是指应用计算机图形学和图像处理技术，将采集获得或科学计算过程及结果数据和结论转换成图形、图像信息，并在图形显示器上显示的过程。可视化始于 20 世纪 80 年代末期[108,109]，涉及计算机图形学、计算机视觉、图形图像处理、计算机辅助设计等多个研究领域，在地球物理、生物科学、航空航天、医学、化学等自然科学和工程技术领域有着重要的应用[110-113]，成为研究数据表示、数据分析和决策分析等一系列问题的综合技术[114]。

作为可视化的一种重要手段和特征[115-117]，交互式技术使研究人员和用户主动参与到可视化的执行过程当中，对可视化的效果进行针对性的观察和控制，从而更好地理解和使用科学数据，更大程度上发挥可视化的作用。随着数据规模的不断膨胀和复杂化，可视化应用需要处理的数据量越来越庞大，用户对交互式可视化的需求越来越高，在应用范围上也越来越广泛；与此同时，可视化应用与服务对计算机的计算和存储能力的需求越来越高，可视化的异构性和多样性是面临的一个重大问题[118]。支持选择不同的显示区域、不同比例的显示信息以及不同类型的显示方式等交互手段是大数据可视化研究面临的重要挑战。

传统的可视化工具与方法远远不能满足大数据的交互式可视化的需求[119]。其突出表现为:(1)数据集规模大而关系复杂,导致某些范围查询结果集巨大而又不能实时化简,同时也不支持灵活地定制查询参数以使进行查询结果的实时筛选,因而难以传输、可视化、分析等。(2)由于数据难以被实时查询、传输与可视化,因而也难以实时获取数据编辑区域内的矢量几何对象,在线更新功能受到限制。

计算机的出现以及计算机图形学的发展,使得交互式可视化成为可能。云计算和先进的图形用户界面有助于大数据的扩展性[120],并行化算法[121,122]和数据简化算法[123,124]也显著促进了可视化的发展。现有的很多大数据可视化工具是在分布式平台上运行的,但是却缺乏足够的大规模数据的可视化过程,尤其是支持实时的交互式可视化。Pentaho、Flare、JasperReports、Dygraphs、Platfora、Tableau 等是具有大数据可视化功能并具有交互式技术的可视化软件[120,125,126]。交互式可视化存在的问题及解决方案如图 2-3 所示。

将大数据源直接进行可视化可能会降低数据的可视化效果,并阻碍用户的感知和认知能力。因此,从数据本身出发,通过抽样或过滤等数据简化操作可以减少离群值但保留数据的基本结构。同时,合理的数据简化方案能够抽取出特征数据,既能满足交互式可视化需求,又能满足用户日益增加的快速响应需求[127]。许多研究人员用特征提取和几何建模等方法在实际数据呈现之前大大降低数据大小。文献[128]讨论了通过数据简化实现大数据交互式可视化的几种方法,包括过滤[129,130]、采样[124,131]、聚合[132,133]和建模。本书总结了基于空间近似查询引擎的在线 GIS 解决大规模数据的交互式可视化的需求。

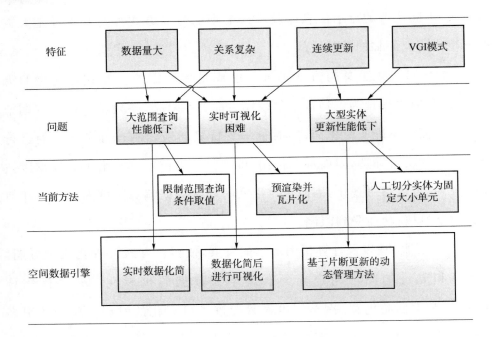

图 2-3　交互式可视化存在的问题及解决方案

2.5　本章小结

　　本章通过研究国内外研究现状,介绍了近似查询、空间查询的理论与方法研究现状;然后通过分析分布式计算的理论与框架,对空间大数据分布式计算架构进行总结;最后,对地理数据服务现状、空间数据的交互式可视化方法进行详细的分析和说明。

第 3 章　顾及查询误差的顶点层次化方法

　　本章给出对顶点序列进行递归划分的具体算法描述及对每段子序列进行误差计算的具体算法描述,以及将递归划分过程映射为顶点层次结构的过程。由于对顶点序列进行递归划分过程中划分点的选择与线简化算法有密切联系,因此本章同时讨论了典型的线简化算法,也说明了作为顶点层次结构在关系型数据库中的存储策略。由于递归划分及误差计算过程具有 $O(n\log n)$ 的时间复杂度,海量地理要素集的这一计算过程需要耗费较多的时间,因此采用了基于 Spark 的分布式内存计算框架来构建地理数据集中空间对象的顶点层次结构。

3.1　地理要素顶点层次结构表达

3.1.1　基于 DP 和 VW 算法的顶点层次结构

　　对于大数据量的数据可视化来说,虽然数据可以分布存储在集群中,数据仓库可以存储包含数十亿的表或记录,但是传统的数据可视化工具往往并不适用,这是因为数据可视化与分析在客户端进行,计算机内存中不能存放大规模数据。交互式数据可视化对查询效率的要求更高,数据简化是一种广泛使用的方法。在简化线对象的过程中,建立线对象的顶点层次结构,并将部分数据传输至客户端,在不影响显示效果的前提下,能够保持与原始数据相似的特性,并能提高查询的响应速度。

DP 算法经过不断地拓展和完善,已成为 GIS 领域中线对象简化最为常用的算法之一。DP 算法将线对象递归划分为两段,通过保存线简化算法中计算得到的中间结果数据,将线对象的输出复杂度降低到 $O(k)$(k 为输出数据量),对于简化所造成的视觉差异可交互控制。本节以 DP 算法与 VW 算法为基础说明线简化算法与层次结构的相关关系,探究两种线简化算法在地理要素近似与顶点选择策略中的差异。

为实现线对象及组合对象的近似查询,将顶点序列由线性结构转化为顶点层次结构,由此建立以层次结构表达的线对象、面对象及组合对象。将顶点序列转化为层次结构需要递归地将顶点序列不断地划分为互不覆盖的子序列,直到每段子序列中只包含一个顶点,这样一段递归划分的过程直接对应一个特定的层次结构,每个树节点对应一段顶点子序列。

空间对象 $L_j = \{P_0, P_1, \cdots, P_n\}$,由若干顶点 $P_i (0 \leqslant i \leqslant n)$ 组成,对于任意的顶点 $P_i (0 < i < n)$,依据一定的判定准则对顶点逐步采样,形成中间顶点集合的采样顶点序列,并依据顶点源序列与采样顶点序列建立二叉树,该二叉树能够表现空间对象中存在的顶点层次结构,并可直接用于处理空间近似查询。以线对象为例,以现有的 DP 算法与 VW 算法作为顶点序的计算准则和判定依据,建立顶点序列层次结构表达。

在执行 DP 算法时不设置限定条件,即将阈值 ε 设置为 0,这种不含限定条件的算法处理过程称为完全 DP 算法。完全 DP 算法将在线对象 L_0 的所有中间顶点被选择完成后终止,选点过程可视为在原始线对象上对顶点逐步采样形成采样顶点序列的过程。以图 1-1 中线对象为例,图 3-1 为基于完全 DP 算法的顶点递归采样,浅灰色方框为采样顶点。

在上述过程中,所有的顶点序列划分形成的层次关系能够直接采用二

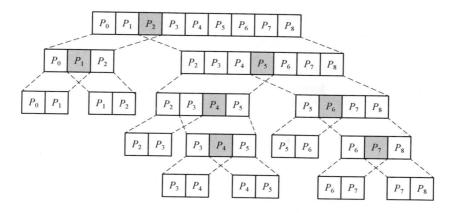

图 3-1　基于完全 DP 算法的顶点递归采样

叉树进行表达，按二叉搜索树的构建方法，将这些顶点按照在 DP 算法中被选择的顺序建立二叉树，并在每个树节点上关联该顶点的误差值 $\varepsilon_{i,h}$，其中 i 表示树节点在同一层中的序号，而 h 表示树节点离根节点的距离，即节点的高度。在这棵二叉树中，叶节点表示由 2 个相邻顶点所构成的序列，中间节点表示长度大于 2 的顶点序列。图 3-2 为基于完全 DP 算法的构建的顶点二叉树，可以看出二叉树中的每个节点为递归采样过程中选取的采样点。

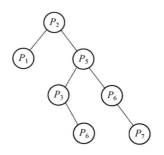

图 3-2　基于完全 DP 算法构建顶点二叉树

同样地，若执行 VW 算法时，将阈值 ε 设置为正无穷，那么 VW 算法将在依次删除线对象中的除首尾点外所有顶点后终止。VW 算法是逐次删除顶点的过程，若将顶点删除的顺序按照逆序排列，则可理解为是线对象逐步选点采样并形成顶点序列过程。图 3-3 为基于 VW 算法的顶点递归采样，浅灰色方框为采样顶点，即删除的顶点。然后，将采样顶点按照删除顺序的逆序建立二叉树，从树的根节点开始深度遍历每棵子树对应的顶点距其左右边界顶点基准线的距离，将最大值记录在对应节点上。图 3-4 为基于 VW 算法构建顶点二叉树。

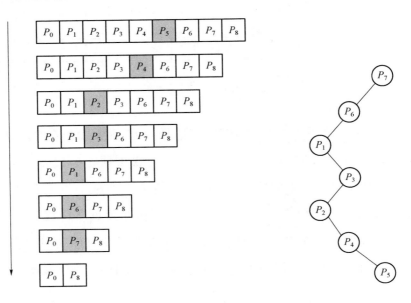

图 3-3　基于 VW 算法的顶点递归采样　　图 3-4　基于 VW 算法构建顶点二叉树

3.1.2　基于 B-DP 算法的顶点层次结构

在一些情况下，DP 算法与 VW 算法等线简化算法在计算过程中依据一定的规则选点，构建得到的顶点二叉树可能会形成近似链，即部分子树深度远大于其他子树，使得操作的时间复杂度为线性 $O(n)$。基于这种二叉树进行近似查询时需要遍历较深层次的树节点，增加了算法的时间复杂度。平衡二叉搜索树（Balanced Binary Tree）的高度可以良好的维持在 $O(\log n)$，各操作的时间复杂度为 $O(\log n)$，因此，可以认为如果构建平衡的二叉树能够有效降低时间复杂度。

因此，本节面向平衡二叉树在近似查询效率的优越性，提出平衡的 DP 算法（Balanced Douglas-Peukcer，B-DP）增加二叉搜索树的平衡性。B-DP 算法以 DP 算法为基础，引入树平衡控制参数以保证树的平衡性，在选点过程中以子线段中的近似中间顶点作为线对象分割点，并将最大误差值作为近似中间顶点的误差值以保证能保留线的结构特性。B-DP 算法能够在保持顶点层次结构的同时，有效地控制树的平衡性，降低算法的时间复杂度。

表 3-1　基于 B-DP 算法的二叉树构建算法

Input：线对象 L 的顶点序列 $\langle P_0,P_1,\cdots,P_n\rangle$；二叉树的平衡参数 $\alpha\in[0,1)$

Output：二叉树 $T=\bar{\omega}(L)$ 的根节点 T_k

---

1. 若 $n>2$，则转至步骤 2；否则，转至步骤 6；

2. 计算 $P_m(0<m<n)$ 到线段 $\overline{P_0,P_n}$ 的距离，距离 $\overline{P_0,P_n}$ 最远的顶点为 P_i，距离值记为 $\mathrm{dist}(P_i\langle\overline{P_0,P_n}\rangle)$；

3. 从中心顶点 $P_{\lfloor n/2\rfloor}$ 左右选取 $\dfrac{\alpha n}{2}$ 个顶点，并将距离 $\overline{P_0,P_n}$ 最大的顶点 P_k 选为分割点 $k\in\left\lfloor\dfrac{n}{2}\right\rfloor+\left[-\dfrac{\alpha n}{2},\dfrac{\alpha n}{2}\right]$，将顶点序列 $\langle P_0,P_1,\cdots,P_n\rangle$ 分割为两个序列 $\langle P_0,P_1,\cdots,P_k\rangle$ 与 $\langle P_k,P_{k+1},\cdots,P_n\rangle$；

4. 建立树节点 T_k，并将 $\mathrm{dist}(P_i\langle\overline{P_0,P_n}\rangle)$ 存入树节点；

5. 对顶点序列 $\langle P_0,P_1,\cdots,P_k\rangle$ 与 $\langle P_k,P_{k+1},\cdots,P_n\rangle$ 分别递归执行步骤 1 到步骤 4，并将生成的树节点分别作为节点 T_k 的左右子节点；

6. 返回 T_k。

可以看出，B-DP 算法将选择距离最大的点更改为近似中间顶点。根据近似中间顶点的选择范围可知，B-DP 算法生成的二叉树是一种平衡度可控的二叉树，可以通过调节中 α 取值，划定近似中间顶点的取点范围。除了在顶点选择策略与顶点距离值的取舍上有所不同之外，其他均与 DP 算法保持一致。

以图 1-1(a)中线对象为例，α 取 0.2，基于 B-DP 算法生成的二叉树如图 3-5 所示，同图 3-2、图 3-4 相比，该二叉树为平衡二叉树，对于顶点数量较多的线对象，效果会更明显。

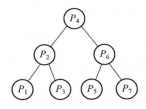

图 3-5　基于 B-DP 算法构建顶点二叉树

3.1.3　组合对象的顶点层次结构

在地理空间数据集中，由多条线对象首尾依次连接所构成的组合对象具有更加复杂的拓扑结构，是地理要素数据集中的重要内容。组合对象在现实世界中表现为复杂的地理实体，例如大型水体、行政区等封闭的面状实体，道路网等跨度较广的线状要素。本节将讨论多个线对象连接时如何将独立的多个线对象所对应的顶点层次结构经过连接形成对应于组合对象的层次结构。给定若干个线对象 $L_0,L_1,\cdots,L_n$，组合对象由线对象连接而成 $R=L_0+L_1+\cdots+L_n$，顶点层次结构的连接讨论如何根据线对象的二叉树 $T_0,T_1,\cdots,T_n$ 得到组合对象的二叉树 $T_R=\widetilde{\omega}(R)$。

将多个线对象生成的平衡二叉树进行连接的基本思想如下：①对组合对象 R 中所有的中间顶点计算到基准线的距离，获得距离最大的值；②选择单个线对象组成的首尾顶点集合中距离最远的点作为分割点；③将步骤②中获得的分割点建立树节点，并赋予步骤①中取得的距离值为误差值；④递归执行上述步骤直到所有的线对象的首尾点均被选择。可以看出，组合对象基于 DP 算法的思想构建了二叉树，在选点上只考虑了单个线对象的首尾点。因此,组合对象形成的二叉树由单个线对象的端点组成,每个端点可以指向该端点所对应的单个线对象。表 3-2 为面向组合线对象的二叉树构建算法。

表 3-2 面向组合线对象的二叉树构建算法

Input:组合对象 R 的线对象序列 $\{L_i, L_{i+1}, \cdots, L_j\}$,树平衡控制参数 α

Output:组合对象 R 生成的层次结构 $T = \bar{\omega}(R)$ 的根节点 $T_{i,j}$

1. 将线对象序列 $\{L_i, L_{i+1}, \cdots, L_j\}$ 转化为顶点序列的集合 $\{P_{L_i,0}, P_{L_i,1}, \cdots, P_{L_i,m-1}, P_{L_{i+1},0}, P_{L_{i+1},1}, \cdots, P_{L_{i+1},n-1}, P_{L_j,0}, P_{L_j,1}, \cdots, P_{L_j,h}\}$,其中两个线对象的连接顶点只出现一次,如 $P_{L_i,m}$ 与 $P_{L_{i+1},0}$ 两点重合,保留 $P_{L_{i+1},0}$;

2. 计算顶点序列中所有的中间顶点到 $S_{P_{L_i,0},P_{L_j,h}}$ 的最远距离 E_{L_i,L_j};

3. 选取 R 各个组成线对象的首尾端点 $\{P_{L_{i+1},0}, P_{L_{i+2},0}, \cdots, P_{L_{j-1},0}\}$ 中距离 $S_{P_{L_i,0},P_{L_j,k}}$ 最远点 $P_{L_k,0}$ 作为序列的分割点,将组合序列分为两个子序列;

4. 建立树节点 T_{L_i,L_j},并将距离值 E_{L_i,L_j} 存入树节点;

5. 对步骤 3 生成的两个子序列递归执行步骤 2 至步骤 4,并将返回的树节点分别作为节点 T_{L_i,L_j} 的左右子节点;

6. 返回 T_{L_i,L_j}。

3.2 面向数据可视化的误差计算

3.2.1 误差定义

第 1 章给出了空间近似查询的定义,同时给出了空间近似查询作为查询条件的两个约束项,一是误差约束,二是数据量约束。无论以哪类约束进行空间近似查询,都需要使用顶点的误差值进行查询处理。在误差约束下,通过设置误差阈值进行顶点采样;在数据量约束下,通过设置数据量阈值给出查询结果,同时返回顶点的最大误差值。

误差是衡量查询精准度的重要指标,是近似查询的核心概念。误差的度量方法根据应用需求的不同而不同。常用的根据几何特征度量误差的方法包括曲线长度比、曲折度、位置误差等。其中,曲线长度比是指简化前后线对象在长度上的比值,曲折度是指曲线上每相邻直线段组成的夹角之和,位置误差是指简化前后曲线围成的面积与原始线长度的比值。然而,对于基于屏幕的交互式可视化而言,误差是定义在像素空间的,原始几何对象与近似后的几何对象可视化时的误差在图形设备上表现为两条线的像素差异。例如,即使近似的线对象与原始线对象具有较大的差别,但在可视化界面上可能只表现出很小甚至没有像素差异。因此,像素差异会使得原本存在的几何误差度量方法得出的结论具有一定的差异。

由于数据可视化结果最终表现为屏幕像素,这种像素差别可采用豪斯多夫距离进行精确度量。因此选择原始线对象可视化形成的像素集合与近似后的线对象可视化形成的像素集合的豪斯多夫距离作为面向数据可视化的误差。

豪斯多夫距离是一种可以应用在边缘匹配算法的距离,其计算公式如下:

$$d_H(X,Y)=\max\{\sup_{x\in X}\inf_{y\in Y}d(x,y),\sup_{y\in Y}\inf_{x\in X}d(x,y)\} \qquad (3\text{-}1)$$

式中,X、Y 为两个数据集合,sup 表示上确界,inf 表示下确界,$d(x,y)$ 定义为两点间的欧氏距离。

引入到空间线对象 L_0 与 L_0' 中,两个线对象之间的豪斯多夫距离计算如下:

$$d_H(L_0,L_0')=\max(d(P_i,L_0')),P_i\in L_0 \qquad (3\text{-}2)$$

式中,$d(P_i,L_0')=\min(d(P_i,S_{P_iP_{k+1}}'))$,$\forall S_{P_iP_{k+1}}'\in L_0'$,$d(P_i,S_{P_iP_{k+1}}')$ 表示点到线段的距离。从 P_i 向线段 $S_{P_iP_{k+1}}'$ 所在的直线作垂线,若交点在 P_k 和 P_{k+1} 之间,则这个垂线段的长度即为 P_i 到 $S_{P_iP_{k+1}}'$ 的距离;否则点 P_i 到点 P_k 和 P_{k+1} 的距离较小者 $\min(d(P_i,P_k),d(P_i,P_{k+1}))$ 为 P_i 到 $S_{P_iP_{k+1}}'$ 的距离。

　　本书将定义在像素空间的豪斯多夫距离扩展到实数空间。顶点坐标的取值不是像素的行列值,而是实数,误差的数值也由整型值扩展至实数域。

3.2.2　误差分析

　　在地理要素的简化过程中,地理要素的化简并不仅取决于其几何形态,很多外部因素也会被纳入考量,例如,在何种比例尺下保留哪些顶点是综合考量的结果。同时,外部因素在构建层次模型时会影响顶点采样的顺序,若外部过程即确定了顶点的采样顺序,同时也重新定义了误差并给出了各顶点的误差值,可直接使用已有值构建顶点层次结构。为了与现有的化简方法相兼容,需要预先给定顶点采样方法,并在给定误差值的情形下建立顶点二叉树。

　　DP 算法的基本思路是查找线对象上的中间顶点与基准线间距离最大的点进行选点。如图 3-6 中空心节点为被删除的顶点,被删除的顶点到简化后的线距离可以理解为简化前后线对象之间的豪斯多夫距离,即 $d_H(L, L') = \max(d(P_k, S_{P_0 P_n}) \mid P_k \in P', 0 < k < n)$。因此,基于 DP 算法的进行线对象的简化可以直接获得可视化误差,不需要耗费额外的计算资源。

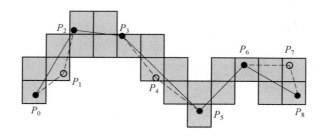

图 3-6　DP 算法中的豪斯多夫距离

　　VW 算法使用的删除顶点的策略是按相邻顶点形成的三角形面积最小

进行选点,这一数值无法直接导出顶点采样后线对象的豪斯多夫距离,因此常规的 VW 算法同随机算法和间隔取点法相同,不能在采样后直接得到豪斯多夫距离进行误差分析,为了实现顶点采样的同时可以报告可视化误差,本节对 VW 算法进行改造。主要思路是在 VW 算法删除顶点过程全部结束并逆序生成选点序列后,根据选点次序计算豪斯多夫距离并记录,使其在执行简化操作后可以得到误差值。

3.3　基于分布式内存计算的顶点层次化

地理要素的顶点层次化是空间可视化的预处理阶段,是计算密集型任务,单台计算机往往不能快速完成计算任务。分布式计算通过计算机网络把多台计算机连接起来,组成一台虚拟的高性能计算机,通过任务协同完成单台计算机无法完成的超大规模的问题求解。B-DP 算法可以对线对象上的点进行独立计算,对其他对象不具有依赖性,适合使用分布式进行计算。基于以上分析,基于分布式内存计算的顶点层次化过程分为 3 步,包括数据分发、分布式数据处理、结果数据汇聚,如图 3-7 所示。

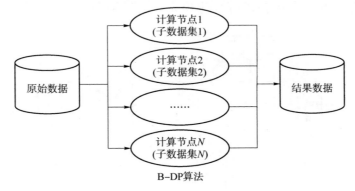

图 3-7　空间数据分布式处理流程

3.3.1　数据分发

由于空间数据采用链式编码等存储方式,因此,在数据分发过程之前需要对线对象(way)和组合对象(relation)等形式的空间数据进行表关联得到最终的空间数据。频繁的表关联操作并不适合在分布式操作中进行操作。因此在进行分布式预处理之前首先把线对象和组合对象进行处理,生成具有完整空间信息的空间对象,并采用 GeoJSON 格式,将生成的对象进行存储。

线对象的 GeoJSON 格式如下,其中,"id"表示线对象 way 或点 node 的唯一编号,"type"表示类型,包括"way"和"node","index"表示点索引,"lon"表示点的经度,"lat"表示点的纬度。

```
{
  "id":"594012",
  "type":"way",
  "points":
  [
    {"index":0,"lon":112.4231522,"id":"540844390","type":"node","lat":38.4562435},
    {"index":1,"lon":112.4220732,"id":"540844389","type":"node","lat":38.4561574},
    {"index":2,"lon":112.4356754,"id":"560844388","type":"node","lat":38.4561346},
    {"index":3,"lon":112.4312206,"id":"3539085074","type":"node","lat":38.45161325}
  ]
}
```

处理完成后,按照集群中的计算节点数量 N,将原始数据集划分为 N 个子数据集合,使用 Spark 框架将子数据集分发到各个集群,子数据集合的数据量大致相等,使得各节点的计算量大致相同。在数据分发过程中,从 HDFS 中读取数据并按照制定的分片规则生成若干个弹性分布式数据集分片,以便进行分布式计算。数据分发采用默认的 Hash 分片,处理流程图如图 3-8 所示,在每个计算节点上生成弹性分布式数据集 StringRDD。

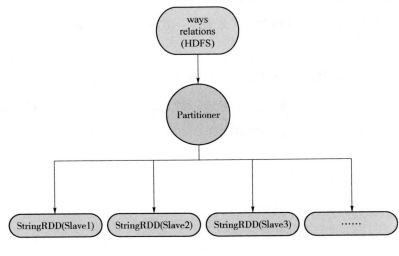

图 3-8　数据分发处理流程

3.3.2　分布式数据处理

每个计算节点对数据分发过程中产生的弹性分布式数据集 StringRDD,使用 B-DP 算法进行数据处理,生成顶点层次结构并计算顶点误差。Spark 框架在各个计算节点中启动 work 进程进行数据处理。

以线对象为例,数据节点误差的分布式计算流程如图 3-9 所示。首先对弹性分布式数据集 StringRDD 进行反序列化操作,在各个计算节点中使用 Map 操作生成线对象弹性分布式数据集 WayRDD；其次，对 WayRDD 执行 B-DP 算法，对每个线对象计算生成二叉树弹性分布式数据集 SortBinaryTreeRDD；最后，使用 Map 操作计算有序二叉树中各个节点的误差值 NodeErrorRDD。

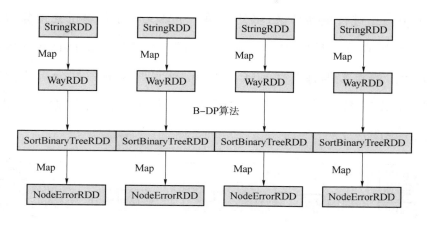

图 3-9　B-DP 算法分布式计算流程

3.3.3　数据汇集与索引构建

当顶点为多个线对象的交点时，该顶点将会有多个误差值。为了保留地理对象间的拓扑关系，需要将引用次数大于 1 的顶点计算得到的多个误差值进行汇集、排序，选取误差最大值为该顶点的误差值。数据汇聚是对节点误差值的弹性分布式数据集 NodeErrorRDD 进行汇集操作，索引构建是对汇集结果进行四叉树划分，构建顶点加权的四叉树空间索引，有助于提高查询检索效率。

数据汇聚与索引构建的具体流程如图 3-10 所示。在结果数据汇聚阶段，首先使用 mapToPair 操作将各个节点计算得到的 NodeErrorRDD 生成

＜key,value＞形式的 KeyNodeErrorRDD，其中 key 表示节点编号 nodeid，pair 表示 node 的误差值；然后，使用 reduceByKey 函数进行数据汇集与排序，每一个顶点只保留最大误差值。在索引构建阶段，由于汇集好的 NodeErrorRDD 是经过 hash 分片生成的，因此在生成四叉树索引时要使用 geoPartitioner 进行重新分区，将处于同一个四叉树子区域的点对象分到同一个分片，得到分区后的 NodeErrorRDD；然后，使用 mapPartition 函数将每个分片内的点数据计算生成子四叉树，行程四叉树弹性分布式数据集 QuadTreeRDD；最后，将子四叉树的根节点合并，生成整个数据集的四叉树 QuadTreeRDD。

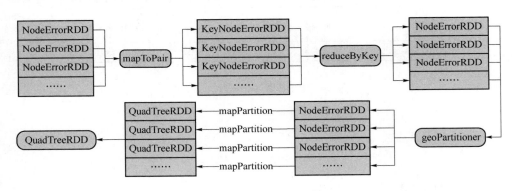

图 3-10　四叉树划分流程

　　分布式数据处理的伪代码如表 3-3、表 3-4、表 3-5 所示，其中，表 3-3 为主节点的运算代码，表 3-4 为从节点的运算代码，表 3-5 为从节点将运算结果进行汇总。数据汇聚结果示例如表 3-6 所示。

表 3-3　主节点运算任务

Input：ways
Output：QuadTree
boundry＝ways.boundry;　//获得数据集的地理范围
grids[] = boundry.split()　//将线数据集划分为 n 个区域，其中 n 为 4 的整次幂，用于分布式建立四叉树；

表 3-4 从节点运算任务

Input:StringRDD

Output:NodeErrorRDD

```
foreach way in ways
    sortBinaryTree = bdp(way)                         //利用 B-DP 算法计算每个顶点的误差值
    nodeError = getNodeError(sortBinaryTree)          //二叉树构建
    foreach treeNode in sortBinaryTree
        treeNode.ChildNode.path = treeNode.getChildPath //得到路径法路径
        foreach grid in grids
        if(treeNode is in grid)
            context.write(grid.id,treeNode)           //将数据分区传输到 reduce 中
        end
    end
end
```

表 3-5 从节点汇聚任务

Input:NodeErrorRDD

Output:QuadTreeRDD

```
foreach treeNode in treeNodes
    quardTree.add(treeNode)                           //将同一分区节点构建四叉树
end
foreach quardTree in quardTrees
    totalQuardTree.add(quardTree)                     //将 n 个子四叉树合并为一个四叉树
end
```

表 3-6 预处理数据结果示例

线 ID	点 ID	点误差	路径	子树大小	瓦片等级	瓦片编号
6	265194	0.001	T	28	0	'0'
6	739163	0.002	d	63	1	'0'

3.3.4　面向组合对象的分布式优化

　　前三节以线对象为例,介绍了使用 Spark 分布式框架进行数据分发、顶点层次结构构建和索引构建的具体过程。在一些数据集中(如 OpenStreetMap),线对象的顶点个数往往有上限,不能出现过大的线对象,而组合对象的顶点个数没有限制,因此多采用组合对象存储顶点数量很大的线状要素。在分布式数据处理过程中,在处理过大的组合对象时需要耗费较多的处理时间,导致其他对象的处理进程的等待,从而造成集群资源的浪费。因此,需要对数据处理过程中组合对象的计算进行优化,提高计算效率。

　　图 3-11 为分布式处理优化流程。首先,使用 map 操作将 StringRDD 转换为组合对象的分布式弹性数据集 RelationRDD;其次,对组合对象的分布式弹性数据集执行 flatmap 操作,将过大的组合对象执行 B-DP 算法,将较大的组合对象分割为若干个大小几乎相同的组合对象,并将正在执行的 B-DP 算 法 的 分 割 点 生 成 有 序 二 叉 树 分 布 式 弹 性 数 据 集 SortBinaryTreeRDD;同时,分割好的组合对象按照原 B-DP 算法完成误差值计算,生成有序二叉树分布式弹性数据集 SortBinaryTreeRDD;最后,将其 与 分 割 时 生 成 的 SortBinaryTreeRDD 合 并 , 生 成 汇 总 后 的 NodeErrorRDD。

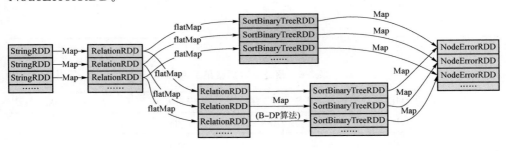

图 3-11　分布式处理优化流程图

3.4 本章小结

顾及查询误差的顶点层次化方法是对地理空间数据的交互式可视化进行的预处理操作。本章基于现有的线简化算法对数据可视化误差进行定义与说明,同时,设计面向地理对象的顶点层次结构的定义,将线简化算法进行拓展,实现了多分辨率的顶点层次结构构建与连接,并解决了基于关系数据库的顶点层次结构的存储管理。最后,对 Spark 技术在误差计算与数据划分操作的流程、实现方法与预处理结果等方面进行总结。

第 4 章　顾及多种约束条件的
空间近似查询

　　空间近似查询为约束条件与空间条件的联合,在实际的查询处理过程中,在现有的空间范围的基础上加入时间、数量或误差约束即可形成带有限制条件的空间近似查询。本章将阐述空间条件与约束条件的查询处理方法,证明所提出的近似查询框架对于具有特定性质的离散数据处理函数而言是有效的,基于已建立的顶点层次结构,建立有效的空间范围与权值的联合索引,实现高效率空间近似查询。

4.1　单要素的空间近似查询

4.1.1　相关定义

　　本书在 1.2 节中介绍了窗口查询和窗口近似查询的定义,窗口查询是面向空间数据可视化的基本查询方式。空间近似查询可以理解为以窗口范围作为空间近似查询中的空间条件。图 4-1 为窗口查询的查询示例,灰色区域为查询窗口,图 4-1(a)中有 3 个线对象位于查询窗口附近。若将位于窗口内的线对象都保留,则查询结果集为 $\{L_1, L_2\}$,在窗口之外的线对象 L_3 不包含在结果集中。

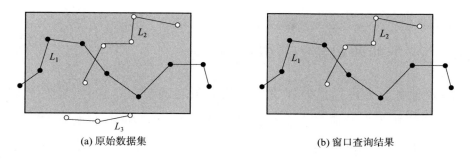

(a) 原始数据集　　　　　　　　　　　　　　　(b) 窗口查询结果

图 4-1　窗口查询示例

图 4-1 可以看出,线对象 L_1 和 L_2 各有一部分位于窗口之外。当位于窗口外的部分线对象过大,会影查询效率,考虑到位于窗口范围外部的部分不会影响绘制结果,因此,可以对位于窗口之外的线对象进行截取操作。为了保持线对象的整体性,保留与窗口连接的第一个顶点和外部线的最后一个重点。图 4-2 为增加了截取操作的窗口查询。可以看出,在增加截取操作后,仍然返回线对象 $\{L_1, L_2\}$,查询后的结果集未发生变化,但对线对象 L_1 位于外部的线进行了简化,只保留了连接点和线对象的端点。

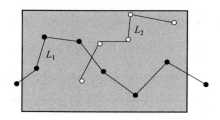

图 4-2　窗口查询与截取操作

因此,为了保持窗口查询的准确性并减小查询的复杂性,本节将窗口查询与截取操作结合,对窗口查询进行了重新定义:给定查询窗口 $W = \{x_{min}, y_{min}, x_{max}, y_{max}\}$ 作为空间查询条件,查询对象为数据集 $D = \{L_0, L_1, \cdots, L_n\}$,查询结果集记为 $Q_W(W, D) = \{L_i | L_i \bigcap W \neq \varnothing\}$。针对结果集中的线对象 L_i 进行如下截取操作:①保留线的起点 P_0 和终点 P_n;②对 L_i 所包含的相邻两点组成的线段进行判断,若线段两点都在窗口外,则删除;否则该

线段的两点都应该被保留;③将进行截取操作后的线对象对结果集中对应的线对象进行替换。

4.1.2　单个地理对象的近似查询

在对地理要素进行预处理建立了几何顶点的层次结构后,针对地理要素查询的就转化为对顶点层次结构的操作。在近似查询中,数据量约束与误差约束是两种类型的限制条件,近似查询就转化为 top$k$ 查询问题。为了在限制条件内实现查询操作,本书采用渐进式的方式进行几何顶点的选择,采用加权广度遍历算法处理,以此有效控制查询数量和误差,渐进式采样需按照误差降序选择顶点。

因此,近似查询的基本思路为:经过线简化算法将线对象生成二叉树类型的顶点层次结构,查询时在二叉树上运行权值优先广度遍历,按照误差降序取出顶点。在不考虑窗口大小的情况下,以单个地理对象的数量约束的近似查询为例,表 4-1 为单个地理对象的数量约束的近似查询算法,表 4-2 为单个地理对象的误差约束的近似查询算法。

表 4-1　针对单个地理对象的数量约束的近似查询算法

Input:线对象 L_0 的二叉树 T_{L_0},数量约束 $\sharp$
Output:满足查询条件的空间对象 L_i,查询结果误差 e
1. 建立优先队列 PQ 和采样集 S_p,将代表 L_0 的二叉树 T_{L_0} 的根节点加入优先队列 PQ;
2. 若 PQ 不为空,从 PQ 中取出误差值最大的节点,将其加入采样集 S_p 中,记录其误差值 e,同时将其子节点放入 PQ 中;
3. 检查 S_p 中节点数量,若未达到数量约束 $\sharp$,则循环运行步骤 2;否则,转至步骤 4;
4. 将所有采样集中的顶点按照下标序号排列并动态生成新的线对象,返回新生成的对象、采样集的大小和查询误差 e;
5. 算法结束。

表 4-2　针对单个地理对象的误差约束的近似查询算法

Input：线对象 L_0 的二叉树 T_{L0}，误差约束 ε

Output：满足查询条件的空间对象 L_i；查询结果的规模 num

---

1. 建立优先队列 PQ 和采样集 S_p，将代表 L_0 的二叉树 T_{L0} 的根节点加入优先队列 PQ；

2. 若 PQ 不为空，从 PQ 中取出误差值最大的节点，将其误差与 ε 比较，若大于 ε，则将此节点对应的顶点加入采样集中，并循环执行步骤 2；

3. 若 PQ 为空，则将所有采样集中的顶点按照下标序号排列并动态生成新的线对象，返回新生成的对象并报告采样集的大小；

4. 算法结束。

4.1.3　带有约束条件的空间近似查询

1. 数量约束的空间近似查询

空间近似查询处理可以归结为一个空间范围内的 $topk$ 查询问题。由于空间查询处理的复杂度为 $O(\log n + k)$，其中 n 为要素的顶点数量，k 为输出数据量，因此查询处理的时间与查询结果的数据量是线性相关的。数量约束的近似查询即是以查询窗口作为空间条件进行近似查询，在该条件之外，加入数量条件作为约束，查询达到数量上限时终止查询操作。表 4-3 为数量约束的窗口近似查询算法。

表 4-3　数量约束的窗口近似查询算法

Input：查询窗口 $W = \{x_{\min}, y_{\min}, x_{\max}, y_{\max}\}$，线对象 L_0 的二叉树 T_{L0}，数量约束 ♯

Output：满足查询条件的空间对象 L_i；查询结果的误差 e

---

1. 建立一个优先队列 PQ 和采样集 S_p。对代表 L_0 的二叉树 T_{L0} 的根节点进行空间运算，若其子树内顶点的所在空间范围与窗口 W 相交，则将该节点加入优先队列 PQ；

2. 若 PQ 不为空，从 PQ 中取出误差值最大的节点加入采样集 S_p 中，记录该结点的误差并将其设置为 e，并判断其非空子节点是否满足空间条件，即其子树顶点的可能范围是否与 W 相关，是则将其非空子节点加入 PQ 中；若 PQ 不为空，转至步骤 4；

Input：查询窗口 $W = \{x_{\min}, y_{\min}, x_{\max}, y_{\max}\}$，线对象 L_0 的二叉树 T_{L0}，数量约束 ♯

Output：满足查询条件的空间对象 L_i；查询结果的误差 e

3. 检查 S_p 中节点数量，若未达到数量约束 ♯，则循环运行步骤 2；否则，转至步骤 4；

4. 将所有采样集中的顶点按照下标序号排列并动态生成新的线对象，返回新生成的对象、采样集的大小和误差 e；

5. 算法结束。

2. 时间约束的空间近似查询

由于查询处理的时间与查询结果的数据量是线性相关的，因此，可以把查询条件转换为时间约束的空间近似查询。时间约束的近似查询是以查询窗口作为空间条件进行近似查询，在该条件之外，加入时间条件作为限制，查询达到时间限制条件时终止查询操作。表 4-4 为时间约束的窗口近似查询算法。

表 4-4 时间约束的窗口近似查询算法

Input：查询窗口 $W = \{x_{\min}, y_{\min}, x_{\max}, y_{\max}\}$，线对象 L_0 的二叉树 T_{L0}，时间约束 t

Output：满足查询条件的空间对象 L_i；查询结果的误差 e

1. 建立一个优先队列 PQ 和采样集 S_p。对代表 L_0 的二叉树 T_{L0} 的根结点进行空间运算，若其子树内顶点的所在空间范围与窗口 W 相交，则将该节点加入优先队列 PQ；

2. 若 PQ 不为空，从 PQ 中取出误差值最大的节点加入采样集 S_p 中，记录该节点的误差并将其设置为 e，并判断其非空子节点是否满足空间条件，即其子树顶点的可能范围是否与 W 相关，是则将其非空子节点加入 PQ 中；若 PQ 不为空，转至步骤 4；

3. 若查询时间不小于 n，则循环运行步骤 2；否则，转至步骤 4；

4. 将所有采样集中的顶点按照下标序号排列并动态生成新的线对象，返回新生成的对象、采样集的大小和误差 e；

5. 算法结束。

3. 误差约束的空间近似查询

同数量和时间约束的空间近似查询类似,误差约束的空间近似查询处理的基本思路为:线对象经过顶点采样算法生成二叉树类型的顶点层次结构之后,当需要处理近似查询时,在二叉树上运行权值优先广度遍历,同时在遍历树节点的过程中利用空间条件进行动态剪枝,即可按误差降序取出在特定窗口内的顶点。误差优先的广度遍历是近似查询的基础操作,表 4-5 为误差约束的窗口近似查询算法。

表 4-5　误差优先的窗口近似查询算法

Input:查询窗口 $W = \{x_{min}, y_{min}, x_{max}, y_{max}\}$,线对象 L_0 的二叉树 T_{L0},误差约束 ε
Output:满足查询条件的空间对象 L_i;查询结果的规模 num
1. 建立一个优先队列 PQ 采样集 S_p。对代表 L_0 的二叉树 T_{L0} 的根节点进行空间运算,若其子树内顶点的所在空间范围与窗口 W 相交,则将该节点加入优先队列 PQ;
2. 若 PQ 不为空,从 PQ 中取出误差值最大的节点,将其误差与 ε 比较,若大于 ε 则将此节点对应的顶点加入采样集中,并判断其非空子节点是否满足空间条件,即其子树顶点的可能范围是否与 W 相关,是则将其非空子节点加入 PQ 中;若 PQ 不为空,转至步骤 4;
3. 若误差大于 ε,则循环运行步骤 2;否则,转至步骤 4;
4. 将所有采样集中的顶点按照下标序号排列并动态生成新的线对象,返回新生成的对象、采样集的大小;
5. 算法结束。

4.2　要素集的空间近似查询

对于空间数据集 D,在进行空间可视化查询时,需要同时满足空间条件 W 与时间约束 t(或误差约束 ε,或数量约束 $\sharp$),一般的查询思路是分别取得对所有地理对象的空间条件与约束条件的处理结果,然后进行连接。该方法在大多数情况下效率不高,这是因为空间条件的查询结果与约束条件的结果可能数据量非常大，对两个大规模的空间结果集进行连接将同时耗费计算资源与 I/O 资源。因此，可以从查询处理的开始就同时采用空间条件和约束条件筛选结果，这也意味着索引建立时必须综合考虑空间维度与误差维度。

空间近似查询根据底层存储系统的不同而分为两种处理方案，一是内存模型，二是关系模型。内存模型是指基于块设备和文件系统，顶点层次结构在内存中采用内存指针引用的形式表达，在文件中采用偏移位置引用的形式表达。关系模型使用记录（行或者元祖）进行存储，顶点层次结构在关系模型中的表达有多种可选方案，包括嵌套集、邻接表、物化路径等。根据查询模式的不同，这些方案具有不同的性能表现，实际使用时应考虑应用目标选择方案。以关系数据库为基础进行空间近似查询处理实现具有通用、稳定、可扩展性强等特点。

本书第 3 章采用物化路径的解决方案，即顶点层次结构中的每个顶点都关联上从根节点到其的路径信息，其最大的优势在于排序非常方便。在查询方法的实现中，根据实际的顶点层次结构所基于的存储系统的不同建立两类索引结构，分别对应于文件系统与关系数据库，以下分小节说明这两类实现中值得关注的细节及空间条件与近似条件联合索引的设计。

4.2.1　拓扑一致性处理

将针对单个地理要素的近似查询过程进行扩展，得到要素集的近似查询。然而需要注意的是，由于要素集的近似查询结果包含了多个要素，因此需要考虑要素间的拓扑关系。若要素 F_i 和 F_j 存在共点或共线的拓扑关系，则其近似结果 F_i' 与 F_j' 应保持相同的拓扑关系。

图 4-3 所示为要素共点与共线的情形下，拓扑一致与拓扑不一致的情形，图 4-3(b) 所示为拓扑关系丢失的情况，图 4-3(c) 所示为拓扑关系保留的

情况。拓扑一致性关系到多个要素顶点的联合处理,因此,在预处理过程中需要将所有相交的顶点作为具有拓扑一致性意义的顶点。再计算出这些顶点在顶点层次结构中的位置及其误差值之后,进一步处理这些顶点以解决查询阶段的多要素拓扑一致性问题。本节给出了几何顶点误差的拓扑一致性调整算法,如表 4-6 所示。

表 4-6　几何顶点误差的拓扑一致性调整算法

Input:要素集$\{F_i\}$生成的层次结构的集合$\{T_i\}$

Output:经过拓扑一致性调整的顶点权值表

1. 计算所有顶点 P_i 的引用度 $D(P_i)$;

2. 遍历所有引用度不小于 2 的顶点集合$\{P_i \mid D(P_i) \geqslant 2\}$,对每个顶点 P_i,找出包含该顶点的所有线对象;

3. 对于步骤 2 找出的线对象,针对每两个线对象计算最长公共点子串,依次执行步骤 4 和步骤 5;

4. 若公共子串长度为 1,取得该顶点在所有引用线对象的中的权值,依据权值排序,将第二位次的权值赋给顶点权值表;

5. 若公共子串长度不小于 2,运用预处理算法对其生成顶点层次结构,并重建引用该段子串的要素的顶点层次结构;

6. 算法结束。

在内存模型中实现拓扑一致查询需要在顶点中加入一项特别标记,称之为同步集。同步集的特性是在数据查询时,同步集的获取必须作为一个原子操作,即同步集中的几何要素要么同时加入结果集中,要么都不加入结果集。部分同步集中的元素加入结果集会导致数据拓扑一致性无法保持。同步集的主要功能在于当出现误差相同的顶点时,保证不会出现一部分顶点在结果集内,另一部分顶点不在结果集内导致要素间的拓扑不一致的情形。

图 4-3 中$\{P_2^{L_1}, P_0^{L_2}, P_3^{L_3}\}$,$\{P_1^{L_1}, P_0^{L_3}, P_3^{L_3}\}$和$\{P_1^{L_2}, P_0^{L_3}, P_3^{L_3}\}$为同步集。为了保证近似查询结果中拓扑一致性,在数据预处理阶段需要进行公共顶点误差的调整与计算,在查询处理阶段需要有效地保持处于一个同步集中的误差相同的顶点能够同时加入结果集。

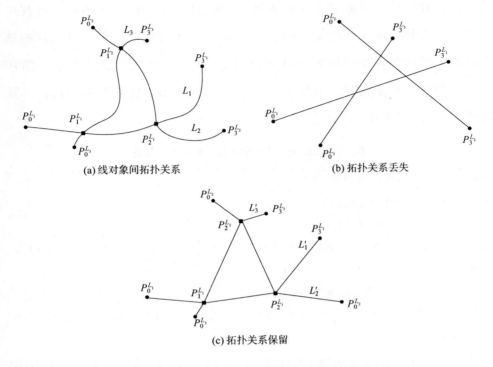

(a) 线对象间拓扑关系　　　　　　　(b) 拓扑关系丢失

(c) 拓扑关系保留

图 4-3　要素间拓扑一致性（共点情形）的维护

4.2.2　基于内存模型的空间近似查询

单要素的近似查询处理方法解决了针对单条地理要素的空间条件及约束条件的查询处理，而现实中地理空间数据集是众多要素的集合。当针对地理空间数据集进行空间近似查询时，需要在空间索引的基础上同时考虑每个要素中顶点误差权值的分布以确定在查询过程的搜索策略。

1. 要素集的近似查询

在进行要素集的近似查询时，可以将单个要素的近似查询进行扩展，将所有要素形成的层次结构的根节点作为一个代表整体数据集的虚拟节点，然后执行加权广度遍历。由于顶点层次结构的剪枝结果是二叉树节点集合子集的生成树,因此,将顶点子集的生成树按中序遍历的方式进行输出,可将层次结构还原为顶点序列,用于表示空间要素的几何部分。

给定空间数据集 D,依据层次化方法构建生成的顶点层次结构集合定义为 $F=\{T_L,T_R\}$,其中 $T_L=\{T_{L_i}\}$ 表示所有线对象生成的顶点层次结构的集合,$T_R=\{T_{R_i}\}$ 表示所有组合对象所生成的顶点层次结构的集合。本节以时间约束为限制条件,对集合 F 进行时间约束的近似查询,设置时间阈值 T,在给定时间内进行对象结果集的近似,同时返回近似查询所产生的误差。

表 4-7　面向要素集的时间约束的近似查询算法

Input:数据集 D 所形成的顶点层次集合 F,时间约束条件 t
Output:顶点层次结构 F 的剪枝结果集 F',误差上界 e
1. 对于集合 F 中的每棵二叉树 T,设立结果集 F' 以容纳剪枝结果,同时设立计时器 T,开始计时;
2. 对集合 F 中每棵二叉树 T,并行编配执行误差优先的广度遍历,并将每棵树内取到的顶点形成剪枝结果 T' 放入 F',将遍历的当前误差值记为 e;
3. 检查计时器,若当前时刻已超过时间约束条件 t,则将 F' 与 e 返回;否则,转至步骤 2;
4. 算法结束。

2. 要素集的空间近似查询

空间近似查询是在近似查询条件的基础上增加了空间条件,是近似查询与空间条件的联合处理。当仅考虑空间条件的查询时,通常使用空间索引进行处理,如四叉树、R 树、R＋树等,并根据实际需要和数据本身的特性选择索引结构。对于数据分布较为均匀且数据所在的空间范围较大时,一般采用四叉树索引,对于数据分布不均匀且数据范围分布较小时,一般采用 R 树索引。

在进行空间近似查询时,需要同时考虑空间条件与约束条件(如时间约束、误差约束)。需要使用两个条件对数据进行预选,通过建立一个多维的空间索引以实现不同维度的查询条件的联合剪枝,预选操作可以避免后期复杂的空间连接处理。将顶点误差与顶点的空间位置进行联合索引,相当于在定义顶点的空间中增加一个新的维度,即误差维度。在顾及误差的多维索引结构中,顶点即根据空间范围维度分片,同时也根据误差维度进行分层。

本书采用顾及误差的四叉树索引结构进行带误差的顶点的索引。在顾及误差的四叉树索引结构中,任意一个树节点都能连接顶点。单个树节点连接的顶点个数上限制设为 m。对任意树节点而言,该节点所对应的空间范围内的所有顶点按误差值进行降序排列,若顶点数量大于 m,则将 top m 个顶点存储于该节点内,并建立该节点的四个子节点,将该范围内未纳入树节点的顶点进行分配索引。

在顾及误差的四叉树索引结构中,将同时根据要素间的拓扑关系来后期调整各顶点的误差值,以保证查询结果的拓扑一致性。

4.2.3 基于关系模型的空间近似查询

在关系数据库中,层次结构数据是以二维表的形式存储的,每棵二叉树对应一个关系表,一个关系表可以存储多棵二叉树,表的一行代表一个树节点,表结构为(id,x,y,error,path),id 表示顶点的编号,x 表示顶点的 x 坐标,y 表示顶点的 y 坐标,error 表示顶点对应的误差值,path 表示顶点在二叉树中的节点路径。

线对象的顶点层次结构以表的形式存储在关系数据库中,关系数据库中的近似查询处理使用 SQL 语句完成。查询过程中,通过比对顶点坐标值,查询获得位于查询窗口 W 内的所有满足条件的顶点。同时,由于顶点路径值具有唯一性和有序性,因此,通过子节点路径即可得到父节点路径,可以使用递归查询获得从节点到根节点之间的所有父节点所对应的顶点。表 4-8 为基于关系数据库的空间近似查询处理过程,该查询没有考虑约束条件,带有约束条件的查询可以在此基础上进行扩展。

表 4-8　基于关系数据库的空间近似查询

Input:查询窗口 $W = \{x_{min}, y_{min}, x_{max}, y_{max}\}$,数据库中表示二叉树的表数据 data

Output:满足查询条件的空间对象 L_i;查询结果的规模 num

1. 从表 data 中查询坐标落入窗口 W 内的顶点的所有记录,顶点序列为 $\{P_1, P_2, \cdots, P_n\}$;

2. 若 $n < 1$,转至步骤 7;

3. 对顶点 P_1,根据顶点路径 Path 值计算该顶点所在二叉树的父节点路径,并根据路径信息查询父节点对应的顶点 P_k;以相同方法查找 P_k 顶点的父节点,递归查询父节点直至到达根节点对应的顶点时停止,将查询所得顶点加入采样集中;

4. 将所有采样集中的顶点按照下标序号排列并动态生成新的线对象;

5. 依次对节点 $\{P_2, \cdots, P_n\}$ 执行步骤 3 和步骤 4;

6. 返回新生成的对象并报告采样集的大小;

7. 算法结束。

4.3　本章小结

本章介绍了基于加权广度遍历和顶点层次结构进行空间近似查询处理方法。首先对单要素的空间近似查询进行了概括总结,提出了以加权广度优先算法为基础的时间、数据量、误差约束的地理要素数据窗口近似查询处理算法;其次对要素集的空间近似查询中的拓扑一致性处理和查询方法进行了详细介绍,分别基于内存模型与关系模型实现了空间条件与限制条件的近似查询。

第 5 章　面向局部要素更新的
顶点层次结构重构

　　面向互联网提供服务的地理要素数据库通常更新频繁,采用自发地理信息应用模式的地理数据库尤为突出。相比定期更新的地理数据库,具有在线编辑功能的自发地理信息数据集的特点是连续更新。地理数据连续更新意味着更新不再局限于某一个特定的时间区间,而是较为平均地分散在整个时间范围内。为使空间近似查询能够适应连续更新的应用需求,必须让顶点层次结构具有高效的动态化实现算法,即顶点层次结构在其对应的地理要素变化时能够有效地进行结构更新以表达变化之后的对象,从而有效处理空间近似查询。本章将从算法设计与复杂度分析、关系模型上的算法实现两个方面来阐述顶点层次结构的动态化过程。

5.1　更新方法与复杂度分析

　　在对地理要素进行更新时,使用顶点更新算法实现顶点序列的插入、移动、删除等操作。在更新过程中,如何保持地理要素所对应的顶点层次结构的性质,能够精确地表达新的地理要素是一个值得研究的问题。同时,更新算法的主要难点在于当数据量很大的地理要素局部被修改时,如何将顶点层次结构的变化限制在局部区域,减少计算资源和 I/O 资源的耗费,以提高更新处理的实时性,同时维护数据的一致性。本节将要素更新的方式进行了分类,同时讨论了在要素更新时数据读取和写入的代价,分析了顶点的更新复杂度及摊平复杂度,给出了更新域的确定与局部重建方法。

5.1.1 更新方式

地理要素具有动态变化的特性,数据的可更新是可视化需要解决的需求之一。在拓扑数据模型下,地理要素的更新包括顶点、线对象及组合对象的插入、修改与删除,几何对象间往往存在相交、重合等拓扑关系。简单要素模型下的地理要素是互相独立的,除了基本的一致性条件的检查,地理数据的更新不需要考虑到其他因素的影响。而在拓扑数据模型中,除了数据一致性条件的检查外,还需要执行"外键约束"等检查以保证更新后的数据没有丢失已有的拓扑关系,同时新引入的拓扑关系是符合一致性约束的。因此,考虑拓扑关系的数据更新过程比基于简单要素模型的地理数据集的更新过程更加复杂。

给定更新操作的最小单元为一个长度为 m 的顶点序列 $\{P_k, P_{k+1}, \cdots, P_{k+m}\}$,更新操作是指将新序列插入到已有的顶点序列中、将一段已有序列替换为新序列以及将一段序列从原顶点序列中删除,这里将这三项操作分别称为插入、修改与删除操作。在实际的数据编辑操作中,序列插入操作是指在线对象、组合对象中插入顶点;序列修改操作是指移动线对象、组合对象中的顶点,序列删除操作是指在线对象、组合对象中删除顶点。下面分别以插入和删除操作为例说明地理要素的更新方式。

(1)插入。给定地理要素及其层次结构,分别表示为 F 和 T,组成 F 的顶点序列为$(P_0,P_1,\cdots,P_n)$，插入操作是指向F中插入一个新顶点P_N，插入位置为P_i与P_{i+1}之间，则T也发生变化。由于T具有二叉树的特性，P_N插入的过程与二叉树的插入操作类似，即找到代表线段(P_i,P_{i+1})的结点所对应的位置，将其替换为代表序列(P_i,P_N,P_{i+1})的子树。图5-1给出了插入操作的示例，将P_M插入到P_3与P_4之间，P_N插入到P_5与P_6之间。图5-1(a)与图5-1(b)分别表示插入顶点所影响到的各子序列及子序列的最大简化序列。图5-1(c)表示插入两个新节点后的二叉树，虚线表示连接的新节点，有两棵子树发生了变化。

（2）删除。给定地理要素及其层次结构，分别表示为F和T，组成F的顶点序列为$(P_0,P_1,\cdots,P_n)$，删除操作是指将地理要素中的一个或若干个顶点P_i删除。删除过程与二叉树的删除操作类似，找到的节点P_i在树中的位置，同时找到其直接前驱顶点P_{i-1}，利用前驱结点替换被删除结点的位置，并将P_{i-1}从其节点的子树中删除。图5-2给出了删除操作的示例，当将P_4从序列中删除时，需要将其直接前驱节点P_3替换掉P_4，同时将P_3从其父节点的子树中删除。图5-2(a)与图5-2(b)分别表示删除顶点所影响到的各子序列及子序列的最大简化序列，图5-2(c)表示删除后的树结构。

除上述对地理要素中的顶点进行直接的插入和删除等基本操作外，在实际应用中，地理要素的修改还包括将多个要素组合为要素序列以创建新要素。例如，将多个首尾相连的代表道路的地理要素组合为一个更长的地理要素等。这一操作并未引入新的几何顶点，但它创建了已有顶点间新的联系，同时，这一新的联系将会使顶点的关系产生变化并影响到顶点的误差计算。因此需要建立代表新的地理要素的顶点层次结构。这些操作可以认为是以上三类操作，即新序列的插入、修改与删除操作的特殊情形。

地理要素更新操作影响到其所对应的多个相关顶点层次结构、顾及误差的顶点索引结构等，其中顶点层次结构的更新是最主要的部分，而顶点索引结构的更新可以认为是一个加权的四叉树索引的更新。

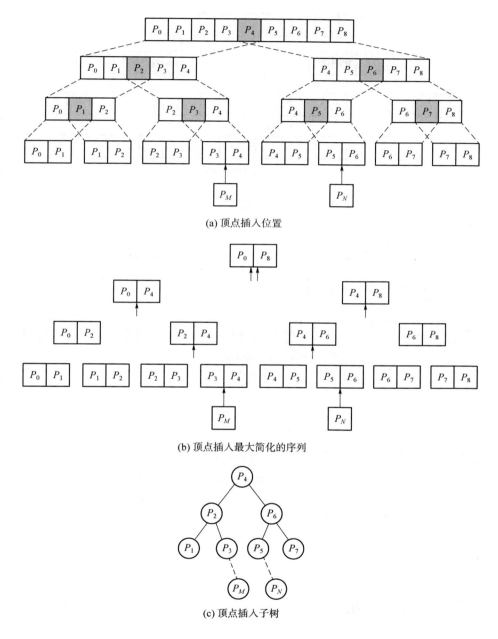

(a) 顶点插入位置

(b) 顶点插入最大简化的序列

(c) 顶点插入子树

图 5-1　顶点插入与二叉树构建

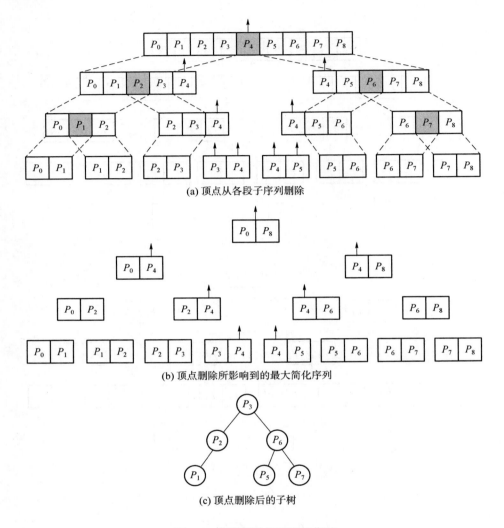

(a) 顶点从各段子序列删除

(b) 顶点删除所影响到的最大简化序列

(c) 顶点删除后的子树

图 5-2　顶点删除与二叉树构建

5.1.2　复杂度分析

对于顶点层次结构,要素更新的处理方案是直接使用新要素生成一个新的顶点层次结构。其问题在于,若该要素更新所涉及的顶点数量为 k,采用整体重建的方式进行更新，其代价将与实际更新的数据量无关，而只与要素的总数据量相关。对于大规模的地理要素而言，要素更新可能只涉及细小的局部，这种情形在 VGI 应用中很常见，例如在数万个顶点中移动了某个顶点的位置或者插入若干新的顶点。因此，在这种情况下，如果每次都重建整个顶点层次结构，将给数据库带来极大的性能开销，削弱数据库的响应能力。因此，为了提高更新性能，对于局部发生变化的地理要素，应当仅对其局部的顶点层次结构进行更新，未发生变化的区域不进行更新。更新域的大小决定了实际的操作代价，并且其数据无须被读写，因此能够降低更新的资源消耗。

地理要素更新后，空间查询引擎需要将要素的顶点层次结构进行相应更新。顶点层次结构的更新包括两类操作，一是顶点误差的计算，主要操作是数据的读取与运算；二是计算结果及新信息的记录，主要操作是数据的写入。由于 I/O 操作与计算操作具有不同的特点与分析模型，因此将这两类代价分别考虑，前者称为 I/O 代价 C_w，后者称为计算代价 C_c，总的更新代价函数为两者之和，即 $C = C_c + C_w$。若设原序列的顶点数量为 n，新序列的顶点数量为 k，将更新代价函数的取值约束在下列范围内

$$C_c = O(n + k \log k), C_w = O(k + \log n) \tag{5-1}$$

可以看出，计算代价 C_c 不超过线性复杂度，数据写入代价 C_w 不超过新加入顶点序列的线性复杂度与原序列的对数复杂度之和。假定要素更新的位置是随机分布的，则单次更新代价的约束则为

$$C_c = O(\log n + k \log k), C_w = O(k + \log n) \tag{5-2}$$

假设原顶点序列中的顶点都有相同的概率在该位置被插入顶点、被修改或被删除，可以进行摊平分析。若原序列长度为 n，序列插入位置与根节点距离为 l，树的高度 $h = \log n$，则 l 的分布函数为

$$P(l) = \frac{1}{2^{(h-l)}}, \quad h \geqslant l \geqslant 0 \tag{5-3}$$

距离根节点为 l 的顶点,在进行插入操作时,其计算复杂度为 $O(k\log n)$,因为其插入需要经过 $\log n$ 个节点才能到达叶节点位置,最坏情形下,其I/O复杂度为 $O(\log n)$。在删除操作时,其摊平的计算复杂度为

$$\sum_{l=0}^{h} P(l) \cdot C_c = \sum_{l=0}^{h} \frac{1}{2^{h-l}} \cdot 2^{h-l} = h = \log n \tag{5-4}$$

I/O复杂度为 $O(\log n)$。在修改操作时,其摊平复杂度与删除操作的摊平复杂度相同。顶点移动的代价包括两方面,即作为边界点的更新代价与作为序列内部点的更新代价,其代价之和为 $O(h+n/2^h)$。顶点增加的代价与顶点序列的长度呈对数相关。

在序列递归划分中,某序列的采样点的变化所引发的重建代价比单纯的在序列内重新计算误差值的代价高。若某一个叶节点所对应的顶点的位置变化,则需要重新计算该顶点所处的 $O(\log n)$ 段序列中的误差值,其更新代价与树高度呈线性关系。而对于序列递归划分的划分点,则以该划分点为边界的所有子序列都需要重新计算误差,其更新代价与该点所首次划分的顶点序列大小呈线性关系,即 $O(n/2^h)$,其中 h 为顶点作为边界点在层次结构中的高度。

5.2 关系模型下顶点层次结构的更新

层次结构的更新与查询一样,需要有效利用关系数据库的存取特性进行数据更新与一致性维护。关系模型下顶点层次结构更新主要包括子序列的读取、顶点误差的更新、旧顶点的删除与新顶点的增加等步骤,更新操作依赖关系模型的语法完成。

序列插入、序列删除与序列修改的更新域不同,其更新代价也不同,其

中序列插入较为简单,序列删除较为复杂,而序列的修改则相当于先进行序列删除,再进行序列插入。本节给出关系模型下层次结构的更新算法的伪代码。采用路径法在关系模型下表示顶点层次结构,因此基本的树操作如获取顶点的祖先节点、获取顶点的子树、获取任意两个顶点间的子序列等操作,都是通过树顶点的路径完成的。

5.2.1　序列插入

假设线对象的原始顶点序列为$(P_0, P_1, \cdots, P_n)$,新序列为$(V_0, V_1, \cdots, V_m)$,若更新操作是将新序列插入到原始序列的顶点 P_i 和 P_{i+1} 之间,则此插入操作的更新域为(P_i, P_{i+1})。序列插入操作的步骤如下:(1)首先将新序列$(P_i, V_0, V_1, \cdots, V_m, P_{i+1})$构造为一棵子树;(2)然后找出 P_i 和 P_{i+1} 两点所对应的结点中距离根结点更远的点 P_{i+1},将子树作为 P_{i+1} 的左子树;(3)在将新生成的子树插入到新位置之前,该新子树从原序列的根节点开始的所有父节点,都需要重新计算$\{V_0, V_1, \cdots, V_m\}$中的顶点到每个树节点对应的简化线段的距离,如果这些距离大于原有的误差值,则每个树节点所关联的误差值应该更新为新值。整个更新过程中,将$(P_i, V_0, V_1, \cdots, V_m, P_{i+1})$变为层次结构的计算复杂度为 $O(m \log m)$,原序列的树节点的误差计算的复杂度为 $O(m \log n)$,更新写入的复杂度为 $O(m + \log n)$。

由于顶点层次结构需要保持平衡,因此插入之后,树的平衡性会被改变。可以对原始层次结构设立层次结构重建阈值,当插入之后的新的树高度超过此阈值,则会引发层次结构的重建。图 5-3 为新序列的插入情况,其中 P_a、P_b 和 P_c 表示插入过程中需要重新计算误差值的顶点,即顶点$\{V_0, V_1, \cdots, V_m\}$到每个顶点所对应的简化线段的距离;$P_i$ 和 P_{i+1} 表示新序列的首尾顶点的直接前驱和直接后继节点,即 V_0 在更新后的序列中的直接前驱 P_i,及 V_m 的直接后继节点 P_{i+1};新序列的波浪连接线表示两结点间省略了中间节点,三角形表示子树,虚线三角形表示新序列 $(V_0,V_1,\cdots,V_m)$ 所形成的子树。

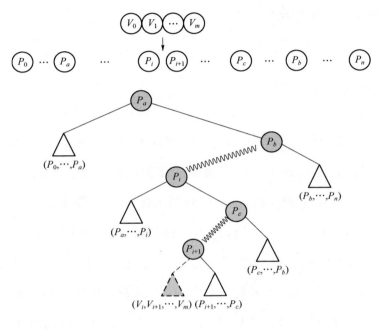

图 5-3 顶点序列的插入

表 5-1 为顶点层次结构的插入算法。序列插入算法的主要步骤是首先取出插入位置前后的两个顶点,将其作为待插入序列的首尾顶点,生成新的子树,然后将新的子树的根节点作为插入位置前后的两个顶点中离根节点更远的顶点的子结点插入到顶点层次结构中。在插入的过程中,计算新插入的子树中的节点到其从插入节点起所有祖先节点所对应基准线的距离,并以此更新祖先节点的误差值。若插入完成后,二叉树平衡度不满足预先设置的阈值,则根据规则进行子树重平衡操作。

表 5-1 层次结构中序列插入更新算法

Input：原序列$(P_0,P_1,\cdots,P_n)$，待插入序列$(V_0,V_1,\cdots,V_m)$，插入点P_i与P_{i+1}

Output：更新后的层次结构

1. 获取插入点P_i与P_{i+1}的路径和空间信息；

2. 将P_i与P_{i+1}作为新序列的首尾顶点，生成新序列$(P_i,V_0,V_1,\cdots,V_m,P_{i+1})$；

3. 利用 B-DP 算法对新序列生成子树，设其根节点为V_k；

4. 若P_i与P_{i+1}中离根节点远的点为P_i，则将V_k作为P_i的右子节点连接上顶点层次结构；若离根节点远的点为P_{i+1}，则将V_k作为P_{i+1}的左子节点连接上层次结构；

5. 查找从树的根节点开始到P_i的路径，计算从$\{V_0,V_1,\cdots,V_m\}$中顶点到这段路径中所有的节点所对应的基准线的距离，若该距离大于节点的误差，则将误差更新为此距离值；

6. 若新的顶点层次结构平衡度不满足预先设置的阈值，则调用子树重平衡算法进行顶点层次结构的重平衡；

7. 算法结束。

5.2.2 序列删除

假设线对象的原始顶点序列为$(P_0,P_1,\cdots,P_n)$，若将$(P_k,P_{k+1},\cdots,P_{k+m})$从原序列中删除，则此操作的更新域为以$P_j$为根节点的子树，$P_j$为被删除序列的首尾顶点即$P_k$和$P_{k+m}$在树中的最低公共祖先节点。设以$P_j$为根结点的子树所对应的顶点序列为$P_s,P_{s+1},\cdots,P_k,P_{k+1},\cdots,P_{k+m},\cdots,P_t,P_j$在树中的高度为$l$，则以其为根节点的子树所对应的顶点序列的长度为$O(2^{h-l})$，其中$h=O(\log n)$即原序列树的高度。序列删除操作的步骤如下：将$P_j$子树在删除掉顶点之后进行重建，即将序列$P_s,P_{s+1},\cdots,P_{k-1}$，$P_{k+m+1},\cdots,P_t$生成一棵子树，然后将其挂接到$P_j$顶点的位置。计算复杂度为$O(2^{h-l}(h-l))$。图 5-4 为序列删除示意图，其中$P_k$和$P_{k+m}$为待删除序列的首尾顶点。三角形表示子树，虚线三角形表示删除的子树。

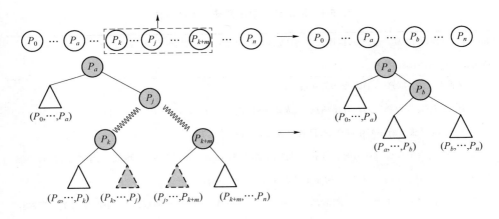

图 5-4　顶点序列的删除

表 5-2 为顶点层次结构的删除算法。序列删除算法的主要步骤是首先取出删除序列的首顶点和尾顶点，然后获得两个结点在顶点层次结构中的最低公共祖先，将最低公共祖先的子树取出形成一段顶点序列，在这些顶点序列中删去待删除的序列中的顶点，然后在新序列上构建子树，再将子树挂接到最低公共祖先的父节点上。

表 5-2　层次结构中序列删除算法

Input：原序列$(P_0,P_1,\cdots,P_n)$，待删除序列$(P_k,P_{k+1},\cdots,P_{k+m})$
Output：更新后的顶点层次结构
1. 获取待删除序列中首尾顶点P_k与P_{k+m}的路径；
2. 获取P_k与P_{k+m}的最低公共祖先节点P_j；
3. 读取以P_j为根节点的所有子节点及其空间信息，构成序列$P_s,P_{s+1},\cdots,P_k,P_{k+1},\cdots,P_{k+m},\cdots,P_t$，将其中的$(P_k,P_{k+1},\cdots,P_{k+m})$序列删除；
4. 对序列$P_s,P_{s+1},\cdots,P_{k-1},P_{k+m+1},\cdots,P_t$运行 B-DP 算法，生成新的子树，并将新的子树代替原子树挂接到原树中；
5. 若新的二叉树平衡度不满足预先设置的阈值，则调用子树重平衡算法进行顶点层次结构的重平衡；
6. 算法结束。

5.2.3　序列修改

图 5-5 为序列修改示意图,假设线对象的原始顶点序列为 $(P_0, P_1, \cdots, P_n)$,修改操作是将新序列 $(V_0, V_1, \cdots, V_m)$ 替换掉原序列中的 $(P_k, P_{k+1}, \cdots, P_{k+l})$,实线灰色三角形表示删除的子树,虚线灰色三角形新插入的子树。序列修改操作包括两步,首先删除原序列中的子序列 $(P_k, P_{k+1}, \cdots, P_{k+l})$,然后在顶点 P_{k-1} 与 P_{k+l+1} 之间插入新序列 $(V_0, V_1, \cdots, V_m)$。节点 P_j 为被替换的序列的首尾顶点即 P_k 和 P_{k+l} 在树中的最低公共祖先节点,将 P_j 的子树对应的序列 $P_s, P_{s+1}, \cdots, P_k, P_{k+1}, \cdots, P_{k+l}, \cdots, P_t$ 中的相关顶点替换为 $(V_0, V_1, \cdots, V_m)$,即生成新的序列 $P_s, P_{s+1}, \cdots, P_{k-1}, V_0, V_1, \cdots, V_m, P_{k+l+1}, \cdots, P_t$,将此序列生成新的子树,然后将此子树挂接到原树节点 P_j 位置即可。

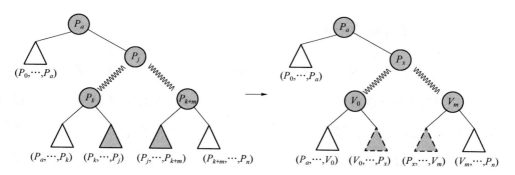

图 5-5　序列的修改操作

表 5-3 为顶点层次结构的修改算法。序列修改算法的主要步骤是首先取出被替换序列的首顶点和尾顶点,然后获得两个节点在顶点层次结构中的最低公共祖先,将最低公共祖先的子树取出形成一段顶点序列,在这些顶点序列中删去待删除的序列中的顶点 $(P_k, P_{k+1}, \cdots, P_{k+l})$,替换上新加入的顶点 $(V_0, V_1, \cdots, V_m)$,然后在新序列上构建子树,再将子树挂接到最低公共祖先的父节点上。若删除完成后,二叉树层次结构平衡度不满足预先设置的阈值,则根据规则进行子树重平衡操作。

表 5-3   层次结构中序列修改算法

Input：原序列$(P_0,P_1,\cdots,P_n)$，待修改序列$(P_k,P_{k+1},\cdots,P_{k+l})$，新序列$(V_0,V_1,\cdots,V_m)$

Output：更新后的顶点层次结构

1. 获取待删除序列中首尾顶点 P_k 与 P_{k+l} 的路径；

2. 获取 P_k 与 P_{k+l} 的最低公共祖先结点 P_j；

3. 读取以 P_j 为根节点的所有子节点及其空间信息，构成序列 $P_s,P_{s+1},\cdots,P_k,P_{k+1},\cdots,P_{k+l},\cdots,P_t$，将其中的$(P_k,P_{k+1},\cdots,P_{k+l})$子序列删除，替换为新的序列$(V_0,V_1,\cdots,V_m)$；

4. 对更新后的序列 $P_s,P_{s+1},\cdots,P_{k-1},V_0,V_1,\cdots,V_m,P_{k+l+1},\cdots,P_t$ 运行 B-DP 算法，生成新的子树，并将新的子树代替 P_j 挂接到原树中；

5. 若新的二叉树平衡度不满足预先设置的阈值，则调用子树重平衡算法进行顶点层次结构的重平衡；

6. 算法结束。

5.2.4 层次结构重平衡

在地理要素插入、删除及修改操作中，为了降低更新代价，仅在顶点层次结构的局部进行更新操作。但多次更新操作后，树的平衡性可能会被破坏，近似查询性能会受到影响。因此，需要对严重不平衡的子树进行重树平衡，以降低树的高度，使得二叉树的存储与查询操作更为高效，二叉树的重平衡操作如图 5-6 所示，实线灰色三角形表示平衡前的子树，虚线灰色三角形平衡后的子树。

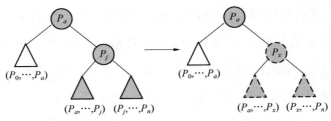

图 5-6   树重平衡操作

表 5-4 为顶点层次结构的重平衡算法。根据预先设置的平衡度参数来计算更新后的二叉树的平衡度,若该平衡度不满足预先设置的阈值,则进行子树层次结构的重平衡。

表 5-4 顶点层次结构重平衡算法

Input:待更新子树的根节点 P_j,平衡度参数 β

Output:更新后的顶点层次结构

1. 获取子树的根节点 P_j 及其所有的祖先节点;

2. 将 P_j 的祖先节点按树节点的深度降序排列,对节点的子树进行重建,判断重建后的顶点层次结构是否满足平衡度要求,若满足要求则离开循环转到步骤 3;

3. 将步骤 2 中的祖先节点的子树节点全部读出,并获取这些节点所对应的顶点的空间信息,形成一个序列;

4. 对此序列运行 B-DP 算法,形成新的子树;

5. 将新的子树替换步骤 2 选中的祖先节点;

6. 算法结束。

5.3　本章小结

本章基于互联网环境下地理要素数据集连续更新的特点,针对层次结构的更新需求,提出了层次结构的代价最小更新算法,使空间近似查询方法适用于具有联机事务处理(On-Line Transaction Processing,OLTP)特征的地理空间数据库管理系统。首先,从顶点层次结构的更新代价等角度进行了研究与讨论,具体阐述了地理要素更新编辑的分类及特点、各类更新所涉及的操作及其代价及其计算复杂度与 I/O 复杂度分析等;其次,以顶点层次结构基于关系模型的表达为基础,研究顶点层次结构插入、删除、修改和层次结构重平衡操作。

第6章 基于空间近似查询
引擎的 WebGIS

自 20 世纪地理信息系统出现以来,GIS 应用伴随着信息技术、传感技术、通信技术等的不断发展而历经变迁,其数据规模、总体架构、应用模式、应用目标、部署形式等各个方面都得到了极大的扩展。互联网普及应用以来,由于应用需求的驱动,面向大众提供地图服务的 Web 应用发展速度很快,其主要功能为地图浏览、地名查询、路径规划等。所采用的技术架构以预渲染栅格地图瓦片为主,这种简单易用的架构推动了基于 Web 的地理信息应用的流行,同时也在一定程度上限制地理信息系统的复杂和专业功能的实现。本书总结以空间近似查询引擎为核心的在线 GIS 方案,将从基于空间近似查询引擎的 WebGIS 架构、WebGIS 技术方案对比分析、OpenStreetMap 数据应用模式对比分析等几个方面逐一对在线 GIS 架构进行整体性的说明、分析及对比。

6.1 WebGIS 架构

基于空间近似查询引擎的 WebGIS 架构总体上可以分为服务端和客户端两个部分。其中服务端部分由基础源数据库、分布式计算预处理工具、近似查询数据集、空间近似查询引擎、空间数据服务引擎,客户端部分包括地图引擎与地图应用。本书所开发的基于空间近似查询引擎面向网络的 WebGIS 应用的总体架构如图 6-1 所示。

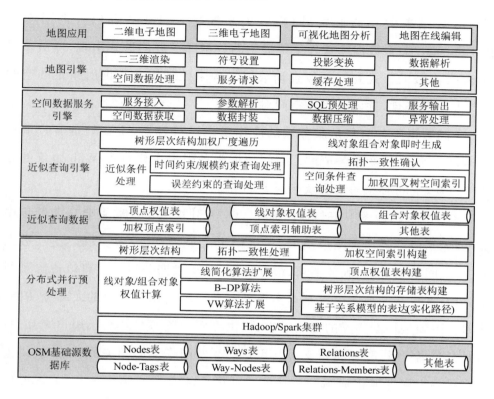

图 6-1 基于空间近似查询的 WebGIS 架构

空间近似查询引擎是 WebGIS 架构的核心,该引擎通过处理用户实时请求的窗口近似查询,从而实现近实时的地理要素对象的生成,其中基础源数据库的空间数据模型采用以顶点为基本单元的拓扑模型,而非目前被广泛使用的 OGC 简单要素模型。基础源数据库以关系数据库管理系统为存储层,能够有效利用关系数据库成熟严密的理论成果与稳定可靠的功能特性,特别是数据库事务所具有的原子性、一致性、隔离性、持久性等。

空间近似查询处理系统由三部分组成,分别为分布式内存计算预处理系统、近似查询数据结构、近似查询引擎。其中分布式内存计算预处理系统以 Spark 为处理框架，对地理对象进行计算以生成顶点误差。数据预处理对于一个特定的地理空间数据集而言只需要运行一次。近似查询数据结构是预处理结果的存储形式，同样以关系模型为基础。近似查询引擎以 PostgreSQL 关系数据库管理系统提供的数据库扩展的形式出现，该引擎通过 SQL 函数的形式利用近似查询数据结构来处理用户查询所指定的空间条件与限制条件，并实时生成空间对象。

空间数据服务引擎是服务端的应用逻辑运行容器，主要处理客户端通过 Web 协议进行的服务请求。空间数据服务引擎主要负责 Web 协议的处理与转发，空间对象的编码及响应返回等。

客户端包括地图引擎与地图应用。地图引擎是客户端主要功能的集中实现，包括但不限二维图形渲染、三维图形渲染、符号设置、投影变换、数据解析、空间数据处理、服务请求、缓存处理、空间数据分析等。可以说除了数据管理，客户端的地图引擎基本实现了一个 GIS 应用所需要的大部分功能。地图应用则是根据实际的应用需求，提供界面配置、数据配置、用户交互、页面元素布局设计、页面自定义等与用户交互及图形界面相关的功能，提供地图在线编辑和可视化地图分析功能。地图应用是用户最终使用的 Web 应用程序，它是地理空间数据的直接展现窗口。

6.2　WebGIS 技术方案对比分析

除了基于空间近似查询的 GIS 技术方案外，WebGIS 已有的技术方案分为两类，一类是以地图瓦片为基础的方案，另一类是服务端实时处理为基础的方案。现有的其他全矢量技术方案，包括以 ActiveX、Java Applet 为客户端基础的技术方案，与基于空间近似查询的在线 GIS 技术方案有一定的相似性,但若以空间数据库为服务端或以一次性下载的空间数据作为数据源,则其应用场景极为有限,此处不进行方案对比。

以地图瓦片为基础的 WebGIS 分为两类,一是基于预绘制的栅格瓦片。这些瓦片是按给定像素大小(如 256×256、512×512)预先根据特定的地图符号化和渲染过程所生成的图像,它们是地图的拼接单元。二是基于预分块的矢量瓦片。这些瓦片是按给定的地理范围预先将相关的矢量图层中的空间对象进行分割并且集成存储形成的二进制字节流,包含的是空间对象的坐标串及属性等信息,它们也是客户端地图的拼接单元。地图瓦片方案各有特点,其主要区分在于地理空间数据绘制成地图的过程中所需要的图形渲染是在服务端完成的还是在客户端完成的。

以空间近似查询引擎为基础的技术方案与服务器实时处理的技术方案的主要区别在于地图的生成是在服务端完成还是在客户端完成。通常而言,客户端绘图是直接使用本地的图形设备进行绘图,地图的表现力与样式可以灵活调整,具有更好的用户体验。表 6-1 从 12 种功能特性上对目前 WebGIS 的三种主要的方案进行了对比分析,以下简要说明这些功能项在不同方案下的实现方法及其特点。

(1)地图生成

地图生成考查用户所面对的地图是如何生成的。在本方案中,地图由客户端取得空间对象的几何数据后实时绘制生成。在矢量瓦片方案中,地图同样也由客户端使用本地图形设备基于瓦片化的矢量数据绘制生成;在栅格瓦片方案中,则是使用服务器端预先渲染生成好的栅格图像,地图的生成是由服务端预先集中完成并存储的。在服务端实时方案中,地图是服务端即时地查询空间数据库并根据结果实时绘图,并将绘制生成的地图以图像形式传送到客户端。

(2)自定义样式

自定义样式考查用户是否具有对地图进行符号自定义或其他图形风格

自定义的能力。由于栅格瓦片是预先生成的图像,因此无法在使用时指定符号化样式,而空间近似查询方案、矢量瓦片方案及服务器实时处理的方案,都能够自定义样式,只是前两者的自定义实现过程是由客户端完成,后者的实现由服务端完成。

（3）高亮点选

高亮点选考查用户是否能够在地图上通过交互式选择将地图要素进行高亮显示。由于栅格瓦片方案与服务器实时方案在客户端都不具有关于要素几何形态的任何信息,因此只能将点击坐标传回服务端进行查询,然后再传回一个单一要素的高亮渲染结果,通过特殊处理以支持高亮点选。空间近似查询方案与矢量瓦片方案两者都在本地管理着地图要素的几何信息,因此能够实现高亮点选。但由于矢量瓦片可能将同一个要素分割在不同瓦片,因此高亮点选需要先将被分割的要素进行合并,这项操作在客户端完成并不容易。

（4）数据编辑

数据编辑考查用户是否具有对地图要素增加、删除、更改的能力。由于栅格瓦片是图像格式,因此不支持数据编辑;矢量瓦片方案只能对当前范围的瓦片进行编辑,操作复杂,不能实现瓦片间的无缝衔接;服务器实时处理的方案在一定程度上支持编辑,但当数据集较大时,存在客户端加载缓慢的问题;空间近似查询方案则可以实时获取编辑的要素,实现在线编辑更新,并能保持拓扑一致性和完整性。

（5）数据分析

数据分析考查用户是否能够对大规模数据进行分析,提取有用信息。栅格瓦片方案需要提交到服务器端获取要素,然后进行分析;矢量瓦片方案仅能对当前瓦片的要素进行数据分析,当要素分布在不同瓦片中时无法实现整个要素的分析;而空间近似查询方案、服务器实时处理的方案均可以完成数据分析,前者可以根据近似查询反馈的结果直接在客户端实时分析,并可以平衡时间和精度的要求；后者则在服务器端处理完成，返回到客户端显示。

（6）渐进传输

渐进传输考查要素数据是否可以进行渐进式的传输。空间近似查询方案是在不同比例尺下进行实时的数据传输，且如果比例尺发生变化，传输的数据不会重复；栅格瓦片方案不支持渐进传输，矢量瓦片方案在预先处理情况下支持渐进传输；服务器实时处理的方案可以进行数据实时压缩，但其传输效率较低。

（7）多分辨率表达

多分辨率表达考查用户是否可以根据分辨率的不同实现不同的表达效果。栅格和矢量瓦片方案在要素预处理条件下支持多分辨率表达，但无法完成动态的间隔变化；服务器实时处理的方案在多分辨率表达方面，对计算机 I/O、CPU 资源要求较高，效率偏低；空间近似查询方案则根据分辨率的不同，返回不同的结果，随着比例尺越大，返回结果越详细，对象的近似表达越精确，并可以实现动态变化。

（8）要素属性查询

要素属性查询考查用户是否具有对要素名称或其他属性查询的能力。矢量瓦片方案是在加载整个要素后，实现属性查询；栅格瓦片为图像格式，无法实现查询；空间近似查询方案和服务器实时处理的方案均可以实现要素属性查询，但前者的实现必须是在可视范围内完成，后者则需要提交交互过程。

（9）路径规划

路径规划考查用户是否可以从起点到终点规划出一条无障碍的路径。空间近似查询方案是通过大量算法实现，比如 Dijkstra 算法、A＊算法等；栅格瓦片方案无法实现路线规划；矢量瓦片方案需要加载整个要素，实现规划操作比较复杂，不仅需要将数据传送到客户端，还需要完成拼接工作；服务器实时处理的方案,可以实现路径规划,比如 WFS 图层传送到客户端显示,WMS 则可以实时显示。

（10）实时导航

实时导航是指可以为用户提供路线显示、修正、指引和提示的能力。空间近似查询方案是根据近似反馈的结果在客户端完成路线绘制;栅格瓦片方案为图像格式,无法实时导航;矢量瓦片方案则在加载整个要素后,可以实现实时导航;服务器实时处理的方案则需要将结果传送到客户端,完成绘制。

（11）要素选择

要素选择是用户可以选择其所需要要素的能力。空间近似查询方案是根据选择的位置构建缓冲区,搜索其周围的要素,将其显示为选中状态,并完成渲染;栅格瓦片方案不支持要素选择;矢量瓦片方案支持当前瓦片中要素的选择;服务器实时处理的方案需要将找到的要素推送到客户端。

（12）拓扑一致性检查

拓扑一致性检查考查要素的拓扑特征是否得到保持。栅格瓦片方案将坐标信息转化成为像素,但是无法进行拓扑检查;矢量瓦片方案中地理要素在边界处被分割,在衔接时无法做到无缝接边,无法保证拓扑的一致性;服务器端方案也无法保持拓扑一致性;空间近似查询方案将近似结果返回到客户端,地物要素的完整性、与其他要素的拓扑一致性得以保留。

综上所述,以空间近似查询引擎为核心的在线 GIS 方案能够有效地解决目前在线 GIS 技术方案存在的一些瓶颈问题,提升基于互联网的地理信息系统建设的广度与深度,充分利用客户端的计算能力,为实现探索性数据分析、在线数据编辑、交互式数据可视化等高级功能奠定基础,为政务决策、商业智能、智慧城市等结合地理信息技术的大型综合复杂信息化应用提供技术支撑。

表 6-1   WebGIS 技术方案对比分析

功能项	空间近似查询方案	瓦片方案		服务器实时方案
		栅格	矢量	
地图生成	客户端	服务端	客户端	服务端
自定义样式	很强的自定义	较弱	很强	很强
高亮点选	支持	特殊处理	有限支持	特殊处理
数据编辑	支持	不支持	支持	不支持
数据分析	支持	不支持	有限支持	不支持
渐进传输	支持	不支持	支持	不支持
多分辨率表达	支持	支持	支持	有限支持
要素属性查询	支持	不支持	有限支持	支持
路径规划	支持	有限支持	支持	有限支持
实时导航	支持	不支持	支持	不支持
要素选择	支持	不支持	有限支持	有限支持
拓扑一致检查	支持	不支持	不支持	不支持

6.3   OSM 数据应用模式对比分析

面向专业用户与大众用户的应用需求,基于全球规模的精细化数据集通常采用互联网架构,以空间分析、空间可视化、地理数据更新为目标,向用户提供分布式部署的 GIS 应用,目前已经产生了很多成功运行的实例。但是这些 GIS 应用仍然面临着一些的瓶颈问题。本书所采用的实验数据集是 OpenStreetMap 所建立的开放数据,因此选取 OpenStreetMap 总体应用的一些方面来说明原有模式的瓶颈问题。

图 6-2 为 OpenStreetMap 数据应用流程图。可以看出,原有的 OpenStreetMap 数据应用分为两种,当用户需要提取的数据范围小于 0.25 平方度时,可以直接在 openstreetmap.org 上选定相应的范围进行提取,结

果数据会以 OSM 文件的格式下载到本机;当用户需要提取的数据范围大于 0.25 平方度时,用户只能从 OpenStreetMap 基础源数据库中导出形成 planet.osm 数据,即在全库导出文件中通过数据提取工具(如 osmosis、imposm 等),将目标范围内的数据提取出来,然后完成应用任务,应用任务包括建立应用数据库、执行数据分析或数据处理操作、制作用户自定义地图等。这一过程中的有些步骤是以批处理的方式完成的,通常需要几个小时才能完成用户感兴趣的区域数据的提取。

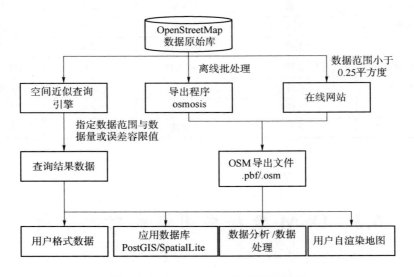

图 6-2　OpenStreetMap 数据应用流程

　　本书的空间近似查询引擎的数据应用流程更为简单明确。在用户设定了希望获取的数据范围后,同时加上用户指定的窗口近似查询参数,如时间约束、规模约束或误差约束条件,向空间近似查询引擎提交查询请求,近似查询引擎将返回满足用户指定条件的数据。基于返回的数据,用户同样可以开展应用任务。空间近似查询引擎的数据应用流程是在线执行,通常在数秒内即可完成。对于用户来说,数据提取的效率得以提高,能够增加用户满意度。

　　以上对比可以看出,批处理流程不便于用户在交互性较强的环境中提取数据。空间近似查询在用户可控制数据结果误差的前提下,即减小数据规模,提高数据提取的性能,又能减小服务器的计算与 I/O 负载,由数据库实现即时的数据子集化操作。用户可以将批处理的数据提取过程转变为在线查询,应用的灵活性会得到较大的提升。

数据提取应用加速的根本原因在于空间近似查询引擎可以非常灵活地按照用户的要求,在数据量与操作执行速度上灵活地设置约束条件,使得用户有机会在较短的时间内进行多次操作,以此进一步明确自己的应用需求与提取出的数据的应用效果。若用户需要在线查询的数据量不断增大,如用户利用近似查询引擎请求某一很大范围内误差极小的数据,这一查询条件可能会导致极大的查询结果集。因此,为了不损害空间近似查询引擎的执行性能,应当采用离线批处理的方式进行数据提取,避免单一任务损害查询服务的可用性。实际上空间近似查询引擎通过设置查询结果条件的上限值,如查询结果集最多可返回 100000 顶点,以保证在线查询处理的服务性能。

6.4　本章小节

本章提出基于空间近似查询引擎的网络 GIS 架构,从基于空间近似查询引擎的 WebGIS 架构、WebGIS 技术方案对比分析、OpenStreetMap 数据应用模式对比分析等几个方面逐一对在线 GIS 架构进行整体性的说明、分析及对比。分析表明,以空间近似查询引擎为核心的在线 GIS 方案能够有效解决目前 WebGIS 技术方案存在的一些瓶颈问题,提升基于互联网的地理信息系统建设的广度与深度,充分利用客户端的计算能力,为实现探索性数据分析、在线数据编辑、交互式数据可视化等高级功能奠定基础。

第7章 原型系统设计与分析

　　本书涉及的相关实验均在一套自主开发的数据处理与查询系统上完成,系统基于分布式技术采用 Java 语言开发完成。本章利用自主开发的原型系统对全球范围的 OpenStreetMap 数据进行实验研究,在基于空间近似查询引擎的在线 GIS 架构的基础上分别对全球海岸线数据与英国全要素数据进行层次结构构建、误差分析、索引构建与存储,并对近似查询的实验结果进行深入的分析。

7.1　实验设置

7.1.1　数据集说明

　　OpenStreetMap 是进行地图数据采集、编辑、共享、应用的互联网社区,其目标是创立一个开放、高质量、全球覆盖、通用、及时更新的地图数据集。OpenStreetMap 成立于 2004 年,最初只有一个网站供用户上传 GPS 轨迹文件并提供以航空或卫星影像为底绘制地图图形要素的功能。经过十多年的发展,OpenStreetMap 已经形成了以在线地图服务、开放数据库、开放源代码的软件工具集、数据审核与管理社区、在线应用服务为代表的庞大生态系统,包括大量的网站、数据、软件、用户、应用形式等,在互联网世界具有广泛的影响力。其中在线地图服务网站包括 OpenStreetMap、OpenCycleMap、OpenPOImap、OpenScienceMap 等，分别以开放数据库为基础利用不同的制图样式渲染生成的各类具有不同特色的地图，如街区图、自行车地图、海图、兴趣点图等；开放数据库则包括原始形式的基于 PostgreSQL 的数据库、已构造为地理要素的 PostGIS 数据库及各种格式的数据库导出文件，目前压缩之后的导出文件大小约为 35 GB；开放源代码的软件工具则包括 OpenStreetMap-Website、JOSM、Osmosis、Osmium 等；OpenStreetMap 社区目前已包括 300 万注册用户，其中 1/3 的用户至少贡献了一次修改和数据提交；在线应用服务则包括 Apple Maps、MapQuest、Mapbox 等商业公司，也包括各种非营利机构所提供的地图，包括联合国人道主义组织等。

OSM 数据模型是一种拓扑模型，因此具有空间对象拓扑模型的优势和弱点。其优点在于结构严密、冗余度低、易于表达拓扑关系、能够较为方便地转换为符合 3NF 范式的数据模式；其弱点在于存取效率较低，线对象与组合对象需要实时生成包含坐标点位的对象才能用于可视化与空间分析。同时，OSM 数据是更新频繁的数据集，需要着重考虑数据更新的效率。

本书使用的数据来源于 OpenStreetMap 官方网站的全库导出文件即 Planet.osm，通过工具软件 osmcoastline 导出全球海岸线数据、大不列颠岛与爱尔兰岛上全要素数据，两部分数据的数据量及特征如表 7-1 和表 7-2 所示。

表 7-1　全球海岸线数据集

数据项	数据量
顶点	43 591 835
线对象	878 453
组合对象	15 175
展开至关系数据库后表空间大小	27 GB
最大要素包含顶点数量	4 370 376
最大的组合对象所包含的线对象数量	52 470
封闭面状要素数量	572 926

表 7-2　大不列颠岛及爱尔兰岛全要素数据

数据项	数据量
顶点	95 911 563
顶点被引用次数	117 751 106
引用数大于 1 的顶点数量	18 382 176
线对象数量	11 520 074
顶点数量小于 50 的线对象个数	11 266 372
顶点数量大于 200 的线对象个数	22 465
展开至关系数据库后表空间大小	81 GB

全球海岸线数据集是目前精度最高的海岸线数据，其规模比全球一致性、层次化、高分辨率海岸线数据（Global Self-consistent，Hierarchical，High-resolution Geography Database，GSHHG）及自然地理数据集（Natural Earth Dataset）高至少一个数量级，其中最大的多边形包含的顶点数量超过400万，顶点数超过10万的封闭面要素的数量超过270。这种规模的数据量如果直接操作，无论是查询、传输还是绘图都将严重影响性能。

大不列颠岛及爱尔兰岛的全要素数据集的顶点数量近1亿，其规模也超过了通常的可以通过网络实时存取的数据量。在该数据集上进行窗口查询，若对结果集规模不加限制，则查询结果同样因为规模巨大而无法有效处理、传输、可视化，非常适合空间查询引擎的应用。

表 7-3 至表 7-8 为 OSM 数据中三类几何对象顶点（node）、线对象（way）、关系（relation）的数据示例，关系也是一种组合对象。其中，表 7-3 为节点表，存储节点编号、经度和纬度；表 7-4 为线-节点表，存储线对象编号、节点编号和节点序列号；表 7-5 为关系表，存储对象编号、线对象编号和线对象序列；表 7-6、表 7-7 和表 7-8 为节点、线和关系的标签表。

表 7-3　节点表

node_id	longitude	latitude
309	12.583 613 2	55.673 468 9
310	12.583 529 7	55.673 555 0
311	12.585 052 1	55.674 186 2
379	114.558 120 3	30.528 766 2
380	114.355 497 1	30.633 872 2
392	114.210 815 2	30.799 165 7

表 7-4　线-节点表

way_id	node_id	sequence_id
563	309	1
563	310	2
563	311	3
991	392	1
991	380	2
991	379	3

表 7-5　关系表

relation_id	way_id	sequence_id
701	563	1
701	991	2

表 7-6　节点标签表

node_id	k	v
309	name	lighthouse
309	building	yes
309	created_by	JOSM
310	crossing	zebra

表 7-7　线标签表

way_id	k	v
563	natural	coastline
563	source	PGS
563	place	island
991	boundary	administrative

表 7-8　关系标签表

relation_id	k	v
701	name	euroasia
701	type	Coastline
701	created_by	JOSM
701	ref	7

实际上,真实的 OSM 数据表比这些要复杂,它们与建立空间索引、处理多版本以及更新管理等功能相关,而与数据模型无关,因此在此略去。从实际使用的效果来看,OSM 使用数据拓扑模型可以较好地满足数据频繁更新的需要,同时具备完整地表达各类地物要素的能力。

7.1.2　实验环境说明

由于顶点层次结构的建立具有计算密集与 I/O 密集的特征,因此首次建立要素的顶点层次结构的预处理阶段使用分布式内存计算来处理。查询处理阶段采用关系数据库作为空间近似查询引擎的实现基础,顶点层次结构更新是在空间查询引擎内部进行的,无法便利地将计算任务分布化。

实验运行于一个内网环境中,其中有 10 台客户机以及 12 台 x86 服务器组成的分布式计算节点,其中客户机的操作环境包括 Windows、Linux 与 MacOS,服务器操作系统包括 Centos 6.5 以及 Ubuntu 14.04 等。

实验运行于自建的 Hadoop 集群计算环境之下,实验集群拥有 10 个节

点的服务器,其中各节点的配置以及角色基本配置如表 7-9 所示,其他环境
配置如表 7-10 所示。

表 7-9 Hadoop 集群环境配置表

节点	主机名	HDFS	YARN	硬盘
1	Master1.casm.com	Namenode	Resourcemanager	机械硬盘 300 GB
2	Master2.casm.com	Namenode	Resourcemanager	机械硬盘 300 GB
3	Slave1.casm.com	Datanode	Nodemanager	固态硬盘 1 TB * 2(raid0)
4	Slave2.casm.com	Datanode	Nodemanager	固态硬盘 1 TB * 2(raid0)
5	Slave3.casm.com	Datanode	Nodemanager	固态硬盘 1 TB * 2(raid0)
6	Slave4.casm.com	Datenode	Nodemanager	固态硬盘 1 TB * 2(raid0)
7	Slave5.casm.com	Datanode	Nodemanager	固态硬盘 1 TB * 2(raid0)
8	Slave6.casm.com	Datanode	Nodemanager	固态硬盘 1 TB * 2(raid0)
9	Slave7.casm.com	Datanode	Nodemanager	固态硬盘 1 TB * 2(raid0)
10	Slave8.casm.com	Datenode	Nodemanager	固态硬盘 1 TB * 2(raid0)

表 7-10 其他环境配置表

参数名	参数值
操作系统	Redhat 6.5
CPU	Intel Xeon E7-8870 (48 核)
内存	128 GB
网卡	1000M 网卡
Hadoop 版本	2.7.0
开发环境	Eclispe3.7+jdk1.7.65

7.2 原型系统设计

7.2.1 总体框架

图 7-1 为本书中空间近似查询的总体框架,可以看出,空间近似查询的

总体框架包括三个步骤,基于分布式内存计算的预处理、近似查询和可视化。在分布式内存计算环境下,将原始数据通过层次结构模型构建顶点层次结构;然后,通过加权广度优先遍历实现顾及多种约束条件的空间近似查询;最后基于空间近似查询引擎实现查询结果的可视化。

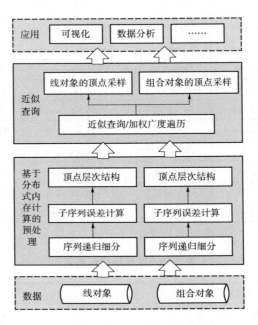

图 7-1　空间近似查询的总体框架

　　数据预处理阶段中主要的计算量来自递归划分集合中对于误差的计算。误差的具体计算方法依赖于误差定义,但总体上相当于空间中的距离定义。计算每一个集合内部的误差的时间复杂度至少是线性的,而集合内部误差计算的工作是相对独立的,可以较为方便地在多台计算节点间进行任务分配。

　　近似查询的首要目标是能够以任意大小的数据量来表达一个要素,这里有一些隐含的限制条件:线对象的组成顶点数量不能少于 2 个,面对象组成顶点的数量不能少于 3 个。为了实现这一目标,这里将对每个要素的组成顶点进行采样,同时采样后的顶点之间的关系遵从其内部的结构关系,同时地理要素的一致性需要得到保持。单个要素近似查询之后的完整性得以保持;多个要素的拓扑关系,如共点或共线,在近似查询之后,同样必须得以保持。

　　为了实现有效的近似查询处理,这里对地理要素集中的每个顶点赋予一个权值,顶点采样过程中将基于该权值降序进行顶点的选择,从而取得一个原地理要素集的组成顶点的子集,同时根据原顶点的关系重建这些要素,形成空间近似查询的结果集,该结果集满足用户对于数据量的限制条件。

7.2.2　技术路线

　　原型系统实现的技术路线详见下面,主要分为几个步骤:首先,从点、线、面数据及其引用数据,构建空间对象;然后,根据空间对象通过预处理并构建顶点层次结构,主要方法是"线简化及层次结构生成"和"网络简化及层次结构生成";最后,将这些层次结构转入到关系数据库或 NOSQL 数据库中进行存储,实现顶点二叉树的持久化。

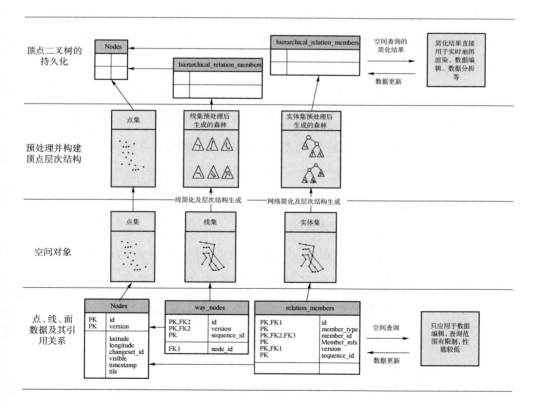

图 7-2　技术路线

7.2.3　开发技术

系统开发总体上基于分布式计算架构，采用 Java（Hadoop）为主的平台进行开发，以企业服务总线（ESB）进行模块及数据的集成。服务器端支持采用 Windows、Linux、中标麒麟等操作系统，客户端支持 IE、Chrome、火狐等浏览器。系统之间的交互主要通过数据库进行数据交互或者调用 Web Service 的方法。

满足 B/S 分布式应用模式要求。采用主流、先进、成熟的信息技术，采用"安全可靠、自主可控"的应用软件为定制开发基础。以 J2EE 为核心技术路线，严格遵循 SOA 的设计理念，融合云计算和大数据领域的相关技术，综合运用虚拟化技术、分布式存储技术、分布式计算技术、分布式缓存技术等先进的技术。数据处理与分析在服务器端完成，数据可视化与展现在客户端完成。

采用"一体化"的统一数据服务架构。支持关系型数据库、非关系型 NoSQL 数据库和分布式文件系统三种存储方式，能根据需要对数据层进行进一步的封装，实现系统建设中数据源与数据访问之间的解耦，数据访问与数据源分离后，形成"一体化"的统一的大数据存储和访问服务层。

采用综合分布式、集群化等应用架构。构建面向海量地理要素交互式可视化的空间近似查询的技术架构。

采用基于虚拟化技术实现应用和服务资源的按需供给和弹性扩展。采用虚拟化技术实现软件应用与底层硬件相隔离，将单个资源划分成多个虚拟资源的裂分模式，将多个资源整合成一个虚拟资源的聚合模式。

7.2.4　数据流程

图 7-3 为实验系统中数据的流程图。首先，从空间数据库中读取地理要

素数据,经过并行分布式数据计算将顶点层次化结构数据写入到分布式数据库中;其次,基于数据库中的层次结构化数据开展服务查询处理,返回满足近似条件的数据;最后将查询结果返回客户端,实现地图的交互式可视化。

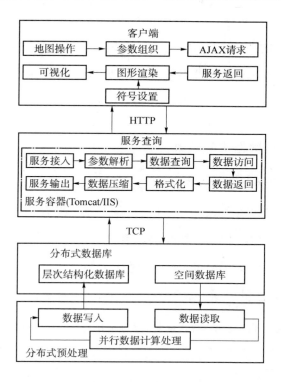

图 7-3　总体数据流程

7.3　实验结果分析

7.3.1　顶点层次结构构建结果及分析

基于 Spark 的分布式内存计算平台,利用 B-DP 算和 VW 算法构建空间对象的顶点层次结构构建等预处理工作,以提高数据处理的性能。顶点层次结构的构建等预处理工作主要包括三项:一是线对象的顶点误差计算与线对象所对应的二叉树的生成与存储;二是线对象连接形成的组合对象的顶点误差计算及其所对应的二叉树的生成与存储;三是为加速窗口查询而进行的顶点层次化空间索引四叉树的生成与存储。实验采用OpenStreetMap 对全球海岸线数据、大不列颠岛与爱尔兰岛上全要素数据进行分析。

1. 全球海岸线数据实验结果分析

针对全球海岸线数据,本节基于 B-DP 算法与 VW 算法,分别从线对象的顶点误差计算与线对象所对应的二叉树构建、组合对象的顶点误差计算及其所对应的二叉树的构建、顶点层次化空间索引四叉树索引的构建三个方面的时间消耗进行结果分析,同时,对比分析了 4 个与 8 个节点数量下 B-DP 算法与 VW 算法的性能,如表 7-11~表 7-13 所示。

表 7-11　基于 B-DP 与 VW 算法的线对象顶点误差计算

	10 000	20 000	30 000	40 000	50 000	60 000	70 000	80 000
B-DP4	22.897	28.788	39.500	44.277	47.050	52.304	56.083	60.486
B-DP8	13.763	18.882	27.647	33.127	38.051	45.443	51.422	58.621
VW4	33.766	43.122	52.187	56.826	60.568	66.711	74.555	76.866
VW8	29.947	33.144	39.970	43.403	45.691	49.941	59.391	62.150

表 7-12　基于 B-DP 与 VW 算法的组合对象顶点误差计算

	2 000	4 000	6 000	8 000	10 000	12 000	14 000	16 000
B-DP4	43.821	53.038	61.977	64.173	68.335	90.285	132.654	173.486
B-DP8	24.973	41.032	45.979	47.029	50.854	54.105	68.267	91.915
VW4	49.158	76.471	74.532	76.173	91.909	101.504	153.226	186.000
VW8	35.574	66.574	65.147	64.789	68.123	80.740	91.478	103.470

表 7-13　基于 B-DP 与 VW 算法的索引构建

	500 万	1 000 万	1 500 万	2 000 万	2 500 万	3 000 万	3 500 万	4 000 万
B-DP4	73.397	89.442	110.356	117.400	120.648	144.872	200.139	235.616
B-DP8	50.793	64.309	78.604	88.885	91.253	101.237	122.812	156.370
VW4	97.328	118.315	127.272	142.684	157.142	170.818	228.485	301.661
VW8	70.056	91.933	107.056	113.120	119.933	134.370	188.954	241.447

（1）基于 B-DP 与 VW 算法的线对象顶点误差计算

如图 7-4 所示，依次记录从 1 万到 8 万个线对象进行 B-DP 算法处理并构建二叉树的时间，不同线性的线条表示依次在 1～8 个计算节点上分配计算任务时所花费的时间。从图中可以看出，随着计算节点数量的增加，处理时间逐渐减少，充分体现了分布式对于提升效率的作用。同时，在计算任务较低时，由于任务启动或其他方面原因，即使增加节点数量也没有大尺度的减少处理时间，但随着任务量增加，增加节点产生的效果越来越明显。

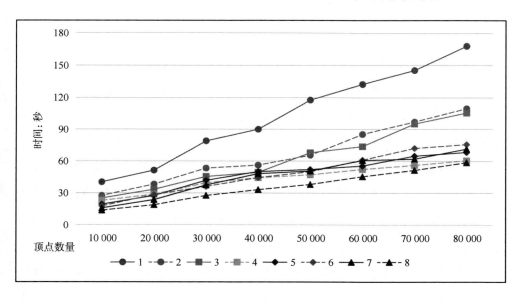

图 7-4　基于 B-DP 算法的线对象顶点误差计算

如图 7-5 所示，依次记录从 1 万到 8 万个线对象进行 VW 算法处理并构建二叉树的时间，不同线型的线条表示依次在 1～8 个计算节点上分配计算任务时所花费的时间。从图中可以看出,随着计算节点数量的增加,处理时间逐渐减少,充分体现了分布式对于提升效率的作用。

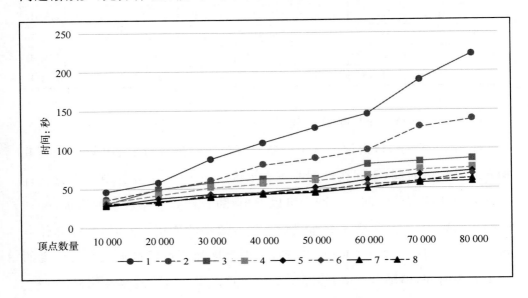

图 7-5　基于 VW 算法的线对象顶点误差计算

（2）基于 B-DP 算法与 VW 算法的组合对象顶点误差计算

如图 7-6 所示,依次记录从 0.2 万到 1.6 万个组合对象进行 B-DP 算法处理并构建二叉树的时间,不同线型的线条表示依次在 1～8 个计算节点上分配计算任务后该处理所花费的时间。从图中可以看出,随着计算节点数量的增加,处理时间逐渐减少,表明分布式计算提升了数据预处理效率,当然这种提升速度低于计算节点增加的速度。同时由于一些随机因素的影响,当计算任务的分布程度较低时,计算任务的时间具有一定的不稳定性,即在某些情形下时间较长。

如图 7-7 所示,依次记录从 0.2 万到 1.6 万个组合对象进行 B-DP 算法处理并构建二叉树的时间,不同线型的线条表示依次在 1～8 个计算节点上分配计算任务后该处理所花费的时间。从图中可以看出,随着计算节点数量的增加,处理时间逐渐减少,表明分布式计算提升了数据预处理效率,当然这种提升速度低于计算节点增加的速度。同时由于一些随机因素的影

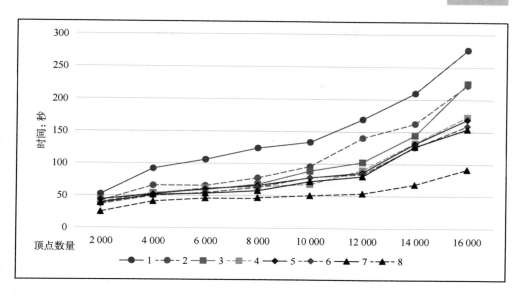

图 7-6　基于 B-DP 算法的组合对象顶点误差计算

响,当计算任务的分布程度较低时,计算任务的时间具有一定的不稳定性,即在某些情形下会较长时间。

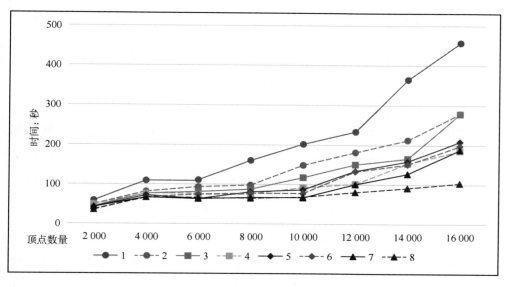

图 7-7　基于 VW 算法的组合对象顶点误差计算

（3）基于 B-DP 算法与 VW 算法的顶点层次结构索引构建

如图 7-8 所示，依次记录从 500 万到 4 000 万个顶点进行层次结构空间索引构建的时间，不同线型的线条表示依次在 1～8 个计算节点上分配计算任务后处理所花费的时间。图中结果显示随着计算节点数量的增加，层次结构构建所用时间逐渐减少，表明分布式计算提升了处理效率。同时其提升速度低于计算节点增加的速度。

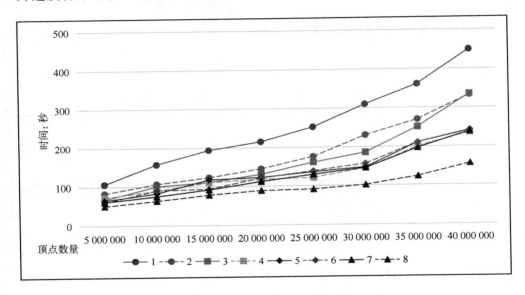

图 7-8　基于 B-DP 算法的顶点层次结构索引构建

如图 7-9 所示，依次记录从 500 万到 4 000 万个顶点进行层次结构空间索引构建的时间，不同的线条表示依次在 1～8 个计算节点上分配计算任务后该处理所花费的时间。图中结果显示随着计算节点数量的增加，空间索引构建所用时间逐渐减少，表明分布式计算提升了处理效率。同时其提升速度低于计算节点增加的速度。

（4）基于 B-DP 与 VW 算法的顶点误差计算及顶点层次结构索引构建比较

如图 7-10 所示，依次记录从 1 万到 8 万个顶点进行 B-DP 和 VW 算法处理并构建二叉树的时间，不同线型的线条表示依次在 4 个、8 个计算节点上分配计算任务后该处理所花费的时间。图中结果显示无论是 B-DP 算法

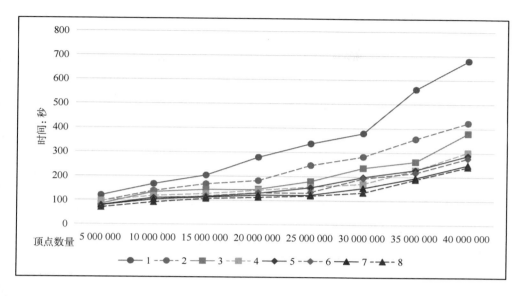

图 7-9　基于 VW 算法的层次结构索引构建

还是 VW 算法,节点数量增加,处理时间逐渐减少,表明分布式计算提升了数据预处理效率;在节点数量相同且数量为 4 时,在顶点小于 65 000 时,VW 算法耗费时间高于 B-DP 算法,但在大于 65 000 时,B-DP 算法耗费时间高于 VW 算法,顶点数量达到 8 万时,B-DP 算法耗费时间略高于 VW 算法;而在结点数量为 8 个时,两条线多次交叉,说明两种算法耗费时间有高有低,没有可遵循的规律。

如图 7-11 所示,依次记录从 0.2 万到 1.6 万个组合对象进行 B-DP 与 VW 算法处理并构建二叉树的时间,不同线型的线条表示依次在 4 个和 8 个计算节点上分配计算任务后该处理所花费的时间。从图中可以看出,无论 B-DP 算法还是 VW 算法,节点数量由 4 个增加到 8 个,组合对象的顶点分布式误差测定时间减少;在节点数目相同且均为 4 时,开始 VW 算法耗费时间多于 B-DP 算法,后两者耗费相同,最终 VW 算法耗费时间多于 B-DP 算法;在节点数目为 8 时,B-DP 或 VW 算法耗费时间变化不大。

如图 7-12 所示,依次记录从 500 万到 4 000 万个顶点 B-DP 算法与 VW 算法进行带有误差的层次结构空间索引构建的时间,不同线型的线条表示

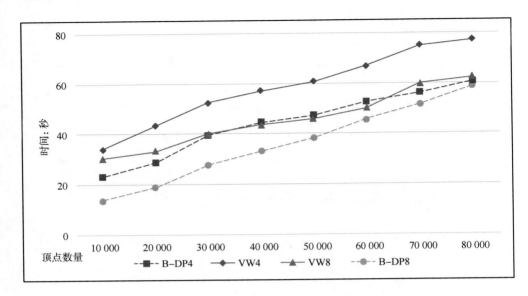

图 7-10　基于 B-DP 算法与 VW 算法的线对象顶点误差计算比较

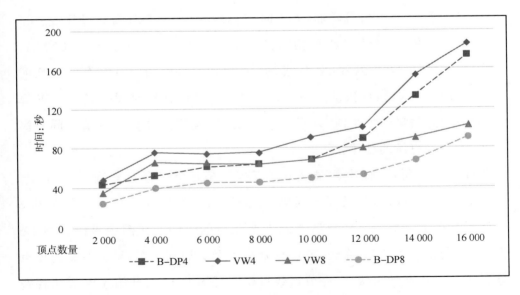

图 7-11　基于 B-DP 算法与 VW 算法的组合对象误差计算比较

依次在 4 个和 8 个计算节点上分配计算任务后该处理所花费的时间。图中结果显示无论 B-DP 算法还是 VW 算法,节点数量由 4 个增加到 8 个,空间索引构建所用时间逐渐减少,表明分布式计算提升了处理效率;在节点数目相同且均为 4 时,VW 算法构建误差索引耗费时间多于 B-DP 算法;在节点数目为 8 时,两种算法耗费时间基本保持一致。

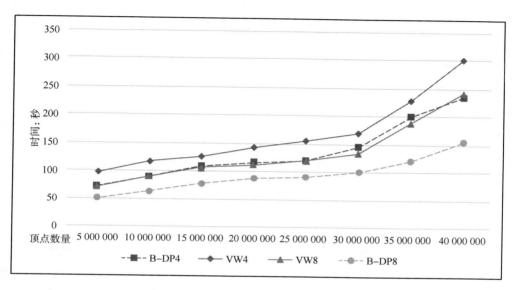

图 7-12　基于 B-DP 算法与 VW 算法的顶点层次结构索引构建比较

2. 大不列颠岛及爱尔兰岛数据实验结果分析

针对大不列颠岛及爱尔兰岛的全要素矢量数据,本节基于 B-DP 算法与 VW 算法,分别从线对象、组合对象进行顶点误差计算与层次结构构建,其次,挑选了道路网与边界线两类数据开展顶点误差计算与层次结构构建,从四个方面的时间消耗进行结果分析。

(1)基于 B-DP 算法与 VW 算法的线对象顶点误差计算

如图 7-13 所示,依次记录从 144 万到 1 152 万个线对象进行 B-DP 算法处理并构建二叉树的时间,不同线型的线条表示依次在 1~8 个计算节点上分配计算任务时所花费的时间。从图中可以看出,随着计算节点数量的增加,处理时间逐渐减少,充分体现了分布式对于提升效率的作用。同时,在计算任务较低时,由于任务启动或其他方面原因,即使增加节点数量也没有大尺度的减少处理时间,但随着任务量增加,增加节点产生的效果越来越明显,在节点数为 1 时,耗费时间变化较大,可能与任务量的复杂性有关。

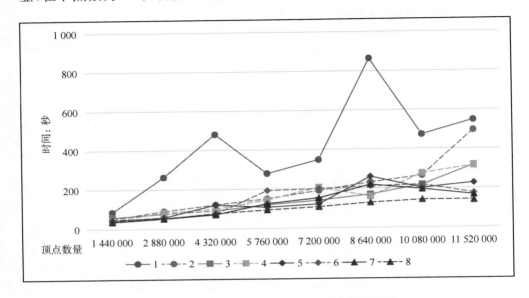

图 7-13　基于 B-DP 算法的线对象顶点误差计算

如图 7-14 所示,依次记录从 144 万到 1 152 万个线对象进行 VW 算法处理并构建二叉树的时间,不同线型的线条表示依次在 1~8 个计算节点上分配计算任务时所花费的时间。从图中可以看出,随着计算节点数量的增加,处理时间逐渐减少,充分体现了分布式对于提升效率的作用。同时,在计算任务较低时,由于任务启动或其他方面原因,即使增加节点数量也没有大尺度的减少处理时间,但随着任务量增加,增加节点产生的效果越来越明显。

如图 7-15 所示,依次记录从 144 万到 1 152 万个英国线对象进行 B-DP 与 VW 算法处理并构建二叉树的时间,不同线型的线条表示依次在 4 个和 8 个计算节点上分配计算任务后该处理所花费的时间。从图中可以看出,无论 B-DP 算法还是 VW 算法,节点数量由 4 个增加到 8 个,线对象耗费时间减少,体现了分布式的作用,同时 B-DP 算法耗费时较少,效率较高。

（2）基于 B-DP 与 VW 算法的组合对象顶点误差计算

如图 7-16 所示,依次记录 47 500 个的多边形进行 B-DP 与 VW 算法处

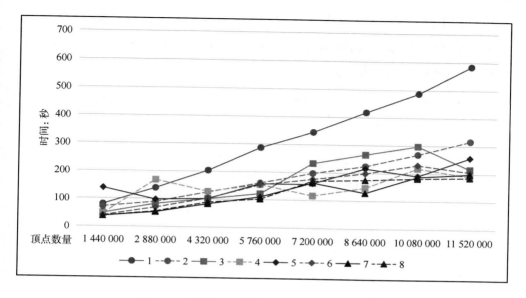

图 7-14　基于 VW 算法的线对象顶点误差计算

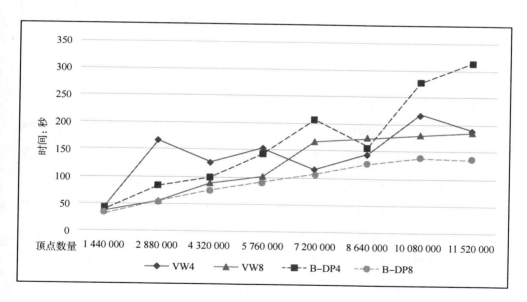

图 7-15　基于 B-DP 算法与 VW 算法的线对象顶点误差计算比较

理并构建二叉树的时间,不同线型的线条表示依次在 1~8 个计算节点上分配计算任务时所花费的时间。图中可以看出,随着节点数的增加,多边形耗费的时间下降趋势,但在节点为 4 时出现上升,进而又呈现下降趋势,体现了分布式的作用,同时相同节点数情况下,B-DP 算法与 VW 算法相比,B-DP 算法耗费时较少,效率较高。

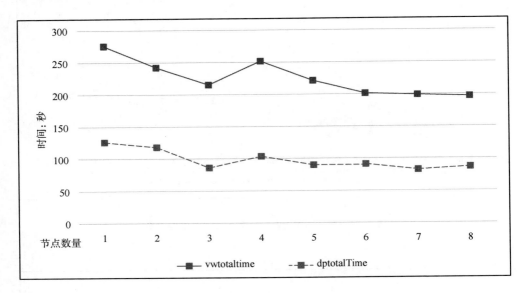

图 7-16 基于 B-DP 算法与 VW 算法的组合对象顶点误差计算

（3）基于 B-DP 与 VW 算法的道路网顶点误差计算

如图 7-17 所示,依次记录 10 640 个道路网进行 B-DP 与 VW 算法处理并构建二叉树的时间,不同线型的线条表示依次在 1～8 个计算节点上分配计算任务时所花费的时间。图中可以看出,随着节点数的增加,道路网耗费的时间整体呈现下降趋势,体现了分布式计算的高效性。相同处理节点数目情况下,B-DP 算法与 VW 算法相比,在 1～4 个节点时,两者耗费时间相差不大,无规律可循,5～8 个节点时,B-DP 算法耗费时间较短,效率较高。

（4）基于 B-DP 与 VW 算法的边界线顶点误差计算

如图 7-18 所示,依次记录 65 924 个边界线进行 B-DP 与 VW 算法处理并构建二叉树的时间,不同线型的线条表示依次在 1～8 个计算节点上分配计算任务时所花费的时间。图中可以看出,随着节点数的增加,边界线耗费的时间整体呈现下降趋势,体现了分布式计算的高效性。相同处理节点数

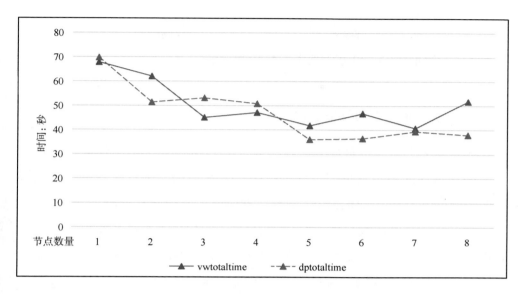

图 7-17　基于 B-DP 算法与 VW 算法的道路网顶点误差计算

目情况下，B-DP 算法与 VW 算法相比，在 1～3 个节点时，两者耗费时间有一定差距，之后随着节点数增多，B-DP 算法与 VW 算法耗费时间相差不大。

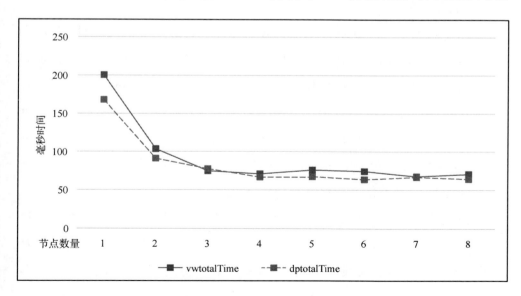

图 7-18　基于 B-DP 算法与 VW 算法的边界线顶点误差计算

7.3.2　空间近似查询实验结果及分析

1. 误差约束的空间近似查询

本节讨论空间近似查询方法在不同误差和窗口大小下的性能。选择机器时间和返回的顶点数量作为评价结果的参考指标。机器时间是指查询时间和向客户机传输时间的总和,反映了查询消耗多少计算资源。

对于一个给定的数据集,随着地图的缩小,将有越来越多的顶点显示在地图界面。对于一个给定的误差值,随着地图比例尺缩小,将有越来越多符合误差要求的顶点显示。这里在三个不同比例尺的海岸线数据集上进行在线的可视化,包括全球范围($-180°\sim180°$,$-90°\sim90°$)、北美地区范围($-120°\sim-58°$,$20°\sim52°$)、某岛屿范围($-72.01°\sim71.84°$,$41.03°\sim41.09°$)。全球范围的顶点总数为43 591 835,北美地区顶点总数为4 191 417,岛屿顶点总数为210。

图 7-19 至图 7-21 分别为三个不同数据集下的查询性能,查询性能为10次查询返回的平均值。图中,横坐标表示设置的查询误差值,1~10分别表示像素值。左纵坐标表示返回的顶点数量,用虚线表示,右纵坐标表示运行时间,用实线表示。对于三个不同规模的数据集,随着误差值的增大,查询结果集和运行时间迅速减小,且两者的变化幅度保持一致。可以看出,空间近似查询方法能够在给定不同误差的情况下快速地获得较小数量的采样点,对于不同的可视化范围都有很好的表现。

同时,随着误差值的增加,查询结果的顶点数和机器时间趋于稳定。这是因为,如果误差逐渐增大时,选择的顶点就会更少。然而,这些选择的顶点可能不会形成连续的线。因此,还需要保留一些顶点的父节点,以保持线的连续性。这说明,当误差设置得足够大时,查询性能不会有更明显的提升。

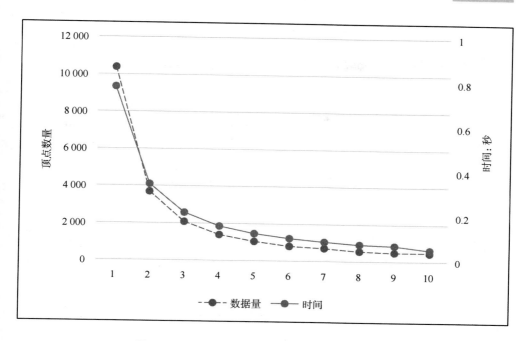

图 7-19　误差约束下的空间近似查询性能（全球）

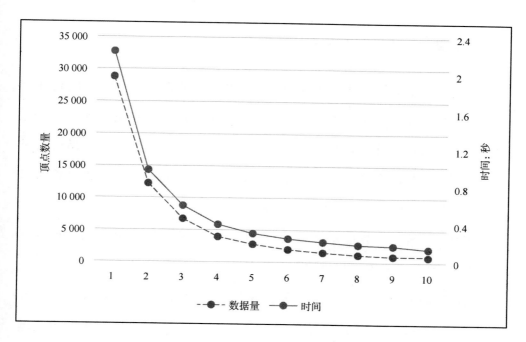

图 7-20　误差约束下的空间近似查询性能（北美地区）

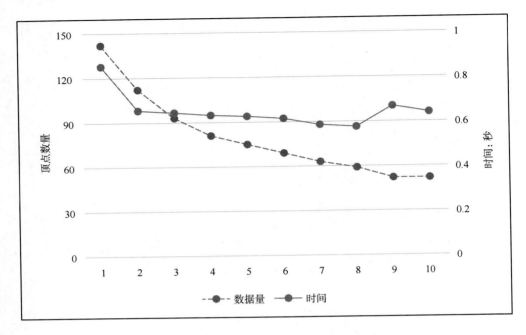

图 7-21　误差约束下的空间近似查询性能(某岛屿)

2. 数量约束的空间近似查询

顶点数量也是影响可视化效率的主要因素,本节讨论空间近似查询方法在不同顶点数量和窗口大小下的性能。本节通过顶点数量来评估空间近似查询方法的有效性,即根据误差的大小选择 Top k 个顶点。选择机器时间作为评价结果的参考指标。机器时间是指查询时间和向客户机传输时间的总和,反映了查询消耗多少计算资源。

对于一个给定的数量要求,随着地图的缩小,地图界面显示的数据量不会产生太大变化,动态选择更符合误差要求的一定数量的顶点。这里在三个不同比例尺的海岸线数据集上进行在线的可视化,包括全球范围($-180°\sim$ $180°,-90°\sim90°$)、北美地区范围($-120°\sim-58°,20°\sim52°$)、某岛屿范围

（$-72.01°\sim71.84°$，$41.03°\sim41.09°$）。全球范围的顶点总数为 43 591 835，北美地区顶点总数为 4 191 417，岛屿顶点总数为 210。

　　图 7-22 至图 7-24 分别为三个不同数据集下的查询性能，查询性能为 10 次查询返回的平均值。图中，横坐标表示设置的顶点数量阈值，左纵坐标表示实际返回的顶点数量，用虚线表示，右纵坐标表示运行时间，用实线表示。对于全球范围和北美地区的数据集，随着数量阈值的增大，查询结果集和运行时间呈线性增大；对岛屿数据集，随着数量阈值的增大，查询结果集的规模呈线性趋势的增大，查询时间在 $0.7\sim0.9$ s 的范围内波动，说明当数据集太小时，查询时间比较趋于稳定，难以看出空间近似查询的性能优势。可以看出，空间近似查询方法能够在给定不同数量阈值的情况下快速地获得采样点，对于不同的可视化范围都有很好的表现。

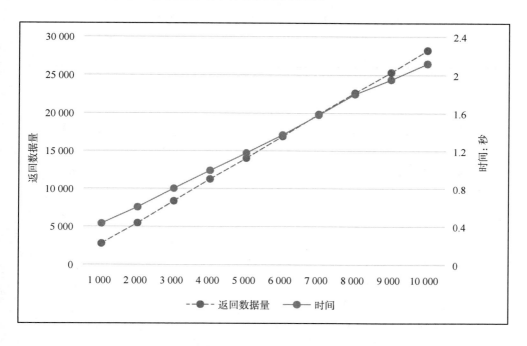

图 7-22　数量约束下的空间近似查询性能（全球）

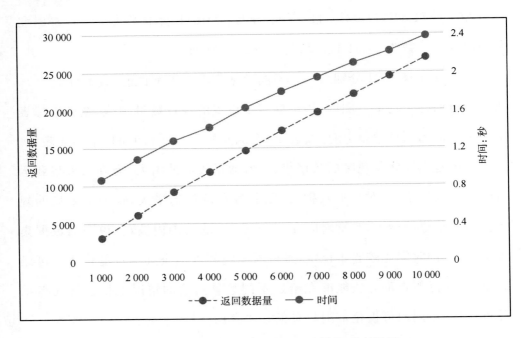

图 7-23　数量约束下的空间近似查询性能（北美地区）

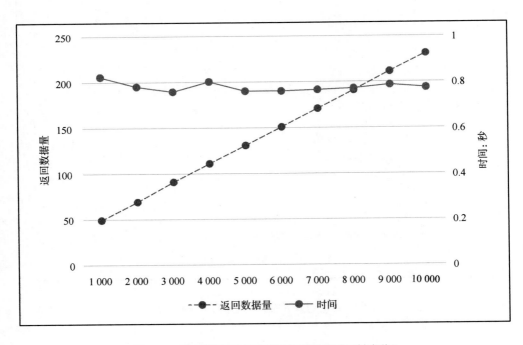

图 7-24　数量约束下的空间近似查询性能（某岛屿）

7.3.3　交互式可视化运行效果分析

1. 整体效果分析

　　当对全球矢量数据进行近似查询时,返回的点数为 14 403 个,耗费时间为 657 ms,响应速度快,完整的加载了矢量图层,边界基本与背景底图吻合。图 7-25 为北美地区谷歌地图与地理要素空间近似查询结果的叠加效果图,背景底图为谷歌地图的栅格瓦片。图中大陆轮廓线为近似查询返回矢量数据,其中返回的点数增加到了 15 088 个,耗费时间为 753.5 ms,查询范围变小,点数增加,时间增加,说明对地理要素对象进行了更为细致的描述,并且比例尺多次变化,空间近似返回点数不重复存储,科学合理的利用空间。

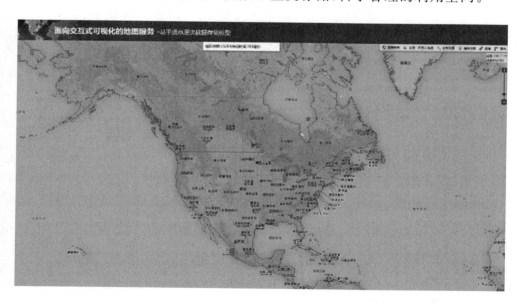

图 7-25　地理要素空间近似查询独立可视化图与叠加图(美国)

　　图 7-26 为日本部分区域空间近似查询结果的叠加效果图,返回的点数为 10 280 个,耗费时间增加到 1 090.5 ms,相比图 7-25,范围进一步缩小,但

返回的点数减少,时间增加,说明虽然范围变小,但在反馈查询结果和勾画边界时,为了凸显局部特征,时间较长。

图 7-26　地理要素空间近似查询独立可视化图与叠加图(日本岛屿)

经过上述对比分析,可知空间近似查询通过反馈查询结果并在客户端渲染完成了地理要素的可视化展示,观察展示效果,随着比例尺的扩大,边界逐渐贴近于栅格瓦片的边界,说明近似查询结果可靠性强,在较短时间内实现地理要素的可视化,且有很强的实用性。

为了加强可视化的效果,将地理要素空间近似查询结果实现三维可视化,构建立体模型,图 7-27 所示为地理要素空间近似查询可视化三维图,图中深色区域即为选中的立体模型,其拟合效果近似精确,达到了空间与近似查询结合的效果。

2. 数量约束的查询结果可视化分析

为了清晰地表明数量约束的空间近似查询的结果,分析了两种不同窗口大小下的可视化效果。图 7-28 和图 7-29 所示,图中轮廓线为近似查询返

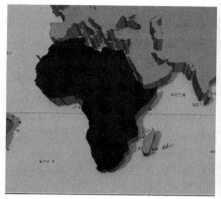

图 7-27　地理要素空间近似查询可视化三维图

回矢量数据,并在客户端绘制完成并显示,背景底图为谷歌地图的栅格瓦片。结果表明,随着顶点数量的增加,返回的顶点数量越多,边界的形状就会与背景图更加一致。图 7-28 中,当顶点数量达到 5 000 时,边界的形状与谷歌映射的形状基本一致,此时,返回的顶点数量只占总数的 0.1%。这说明空间近似查询能够快速地返回查询结果的同时,满足用户的可视化需求。

由上述分析可知,基于顶点层次结构的数量约束的空间近似查询具有很强的实用性,可以显著减少查询时间,提取出原始要素特征,且具有较高的精度和可信度。

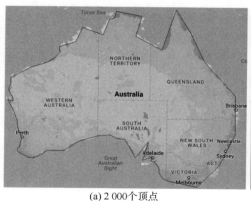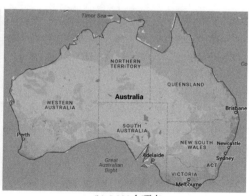

(a) 2 000个顶点　　　　　　　(b) 5 000个顶点

图 7-28　数量约束的空间近似查询结果(澳大利亚)

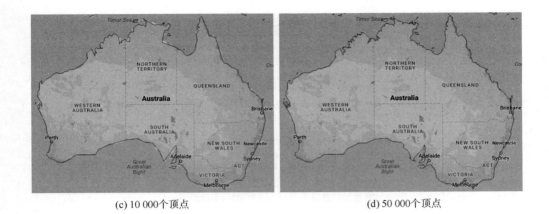

(c) 10 000个顶点   (d) 50 000个顶点

图 7-28　数量约束的空间近似查询结果（澳大利亚）（续）

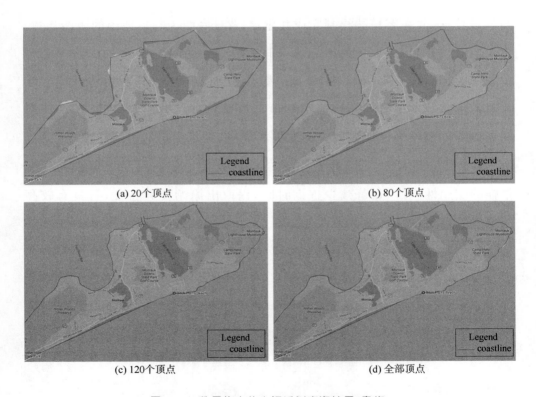

(a) 20个顶点   (b) 80个顶点

(c) 120个顶点   (d) 全部顶点

图 7-29　数量约束的空间近似查询结果（岛屿）

7.4　本章小结

　　本章针对全球的 OpenStreetMap 全球海岸线数据、大不列颠岛与爱尔兰岛上全要素数据开展实验研究,实现了地理数据交互式可视化原型系统。首先,对实验数据集、实验环境进行简要介绍;其次,介绍了原型系统的总体研究框架和数据流程;最后从顶点层次结构构建、空间近似查询和交互式可视化运行效果三个方面进行深入分析。实验表明了空间近似查询方法能够显著提高数据处理的性能,窗口近似查询的效率显著增加,空间近似查询的可视化效果比简单查询存在优势,有一定的可用性。

第 8 章　总结与展望

8.1　总结

本书针对地理数据的空间近似空间查询在跨网络的地理数据交互式可视化及交互式分析等应用,分析了全球规模精细化地理要素数据实时化应用中出现的瓶颈问题,利用近似查询方法来改造空间数据库,从而增强其数据处理能力。对相关理论基础、顾及查询误差的顶点层次化表达、顾及多种约束条件的空间近似查询以及面向局部要素更新的顶点层次结构重构进行深入研究,并以全球 OpenStreetMap 数据的交互式可视化为例对本书中的方法进行实验分析与讨论。本书的主要内容如下。

(1) 分析了近似查询、空间近似查询、层次化模型与分布式内存计算理论。本书对近似查询、层次化模型与分布式内存计算理论进行深入分析,将近似查询理论及分布式技术扩展到地理空间领域,发展了空间近似查询的一般性理论与技术,给出了分布式内存计算的预处理方案,并针对地理要素数据,总结了包含表示模型、目标操作、数据采样、误差定义等在内的空间近似查询理论与技术框架。

(2) 基于分布式内存计算的地理空间数据层次化建模方法。面向大规模地理数据的交互式可视化需求,利用分布式内存计算框架实现了常规单机无法处理的海量空间数据并行化集群处理,实现了基于现存简化算法及其扩展的地理要素顶点层次结构表达与存储方法,以及面向不同采样方法的数据可视化的误差定义与分析。采用 VW 算法与扩展的 DP 算法构建顶点层次结构,分别针对线对象二叉树误差计算时间、组合对象二叉树误差计算时间与层次结构索引构建时间进行对比分析。

(3)顾及多种约束条件的空间近似查询处理方法。为实现跨越网络的地理数据在线交互式可视化与探索性空间分析,设计实现了以顶点层次结构与加权广度优化算法为基础,顾及时间、数量与误差约束的空间近似查询处理方法。在此基础上设计实现了基于内存模型与关系模型的空间近似查询处理。该方法扩展了地理信息基础源数据库的功能,使其能够代替从基础源数据中派生的应用数据库,从根本上解决了包含大规模地理要素的数据库的更新问题以及地理空间数据的一致性问题。

(4)面向局部要素更新的顶点层次结构局部重构方法。为适应地理要素集的连续更新模式,实现了顶点层次结构的更新算法,包括数据更新代价计算、更新域确定、二叉树局部重建以及子树重平衡算法,并基于关系模型实现了顶点序列插入、删除、修改的算法。

(5)原型开发与应用。自主开发了面向大规模地理数据交互式可视化的地图服务的软件原型,利用该软件对 OpenStreetMap 数据进行顶点层次结构的构建与存储、实现顾及多种约束条件的空间近似查询以及顶点层次结构重构。实验基于 Spark 的分布式内存框架,分别针对 500 万到 4 000 万个顶点、0.2 万到 1.6 万个组合对象,依次在 1～8 个计算节点上实现 VW 算法与 B-DP 算法的误差与索引构建,对比分析了两者在预处理阶段的处理效率,验证了 B-DP 算法的高效性。在预处理结果的基础上,分别针对误差约束和数量约束两种约束条件的查询时间进行对比,表明了空间近似查询处理方法的有效性与实用性。

8.2 展望

本书总结了基于顶点层次结构与误差计算的空间近似查询处理的一般框架,同时围绕全球规模精细地理要素数据的应用需求,基于关系模型实现了面向交互式可视化的空间近似查询处理引擎,并通过实际应用系统验证其有效性与高效性。由于本书致力于解决跨网络的交互式数据可视化问题,因此误差定义基于可视化操作结果,未考虑各类空间分析的应用需求;同时由于实验数据的限制,目前管理的数据类型局限于2维或2.5维的对象模型的地理要素数据,未考虑到三维模型数据、基于场模型地理数据等的管理与查询处理;由于实验系统的规模限制,目前未有效地测试广域网环境下,在线数据浏览与数据编辑一体化应用未大规模开展。鉴于本书所存在的上述不足之处,本研究的后续工作可以从以下方面开展。

(1)根据地理数据空间分析的需要,例如可达性分析、网络分析等,建立面向某特定空间分析的误差定义,基于空间近似查询方法,建立面向该特定空间分析操作的空间近似查询处理引擎,实现误差可控和时间可控的跨网络的空间分析服务及应用。

(2)针对地理数据类型多样化的特点,基于空间近似查询方法,建立针对三维模型数据、场模型数据的数据模型与存储结构,实现三维模型数据、场模型数据的交互式可视化与探索性数据分析。并探索将空间近似查询的方法推广至非空间数据的交互式可视化及其他相关分析,形成通用的大数据近似查询方法及其特定实现。

(3)根据全球规模地理要素数据在线实时编辑的应用需求,应用空间近似查询方法,结合现有的地理数据在线编辑模式,开展大规模的地理空间数据集的在线更新应用,实现基于互联网以空间近似查询为核心的地理空间数据应用及数据更新,加强面向互联网的 GIS 系统的应用功能,提升运行效率。

参 考 文 献

[1]周晓云,何大曾,刘慎权.一种层次化模型构造方法[J].中国图象图形学报,1997,2(8):7-13.

[2] CLARK J H. Hierarchical geometric models for visible surface algorithms[J].Communications of the ACM,1976,19(10):547-554.

[3] ACHARYA S,GIBBONS P B,POOSALA V. Aqua:A fast decision support systems using approximate query answers[C]//Proceedings of the 26th International Conference on Very Large Data Bases,Morgan Kaufmann Publishers Inc.,2000:754-757.

[4]ACHARYA S,GIBBONS P B,POOSALA V.Congressional samples for approximate answering of group-by queries[J].AcM sIGMoD Record,2000,29(2):487-498.

[5]WU S,OOI B C,TAN K L.Continuous sampling for online aggregation over multiple queries [C]//Proceedings of the 2010 International Conference on Management of Data,2010:651-662.

[6]HELLERSTEIN J M,HAAS P J,WANG H J.Online aggregation[J].AcM sIGMoD Record,1997,26(2):171-182.

[7] HAAS P J.Large-sample and deterministic confidence intervals for online aggregation[C]//International Conference on Scientific and Statistical Database Management,1997:51-62.

［8］JOSHI S,JERMAINE C.Sampling-based estimators for subset-based queries[J].The VLDB Journal,2009,18(1):181-202.

［9］JOSHI S,JERMAINE C.Robust stratified sampling plans for low selectivity queries［C］//IEEE International Conference on Data Engineering，2008：199-208.

［10］MENG X.Scalable simple random sampling and stratified sampling ［C］//International Conference on Machine Learning,2013:531-539.

［11］GIBBONS P B,MATIAS Y.New sampling-based summary statistics for improving approximate query answers[J].AcM sIGMoD Record，1999,27(2):331-342.

［12］CHAUDHURI S,DAS G,NARASAYYA V. Optimized stratified sampling for approximate query processing[J].Acm Transactions on Database Systems,2007,32(2):9.

［13］OZSOYOGLU G,DU K,GURUSWAMY S,et al. Processing real-time,non-aggregate queries with time-constraints in CASE-DB[C]// Proceedings of the 8th International Conference on Data Engineering，1992:410-417.

［14］HOU W C.Relational aggregate query processing techniques for real-time databases[M].Case Western Reserve University,Cleveland,OH USA.1989.

［15］CHRISTODOULAKIS S.On the estimation and use of selectivities in database performance evaluation［J］. Technical Report CS-89-24，Department of Computer Science,1989.

［16］VRBSKY S V,LIU W S.An object-oriented query processor that produces monotonically improving approximate answers[C]//International Conference on Data Engineering,1991:472-481.

[17]MOZAFARI B,NIU N.A handbook for building an approximate query engine[J].IEEE Data Engineering Bulletin,2015,38(3):3-29.

[18] ACHARYA S, GIBBONS P B, POOSALA V, et al. Join synopses for approximate query answering[C]//Proceedings of the 1999 ACM SIGMOD International Conference on Management of Data,Association for Computing Machinery,1999:275-286.

[19]BARBARá D, DUMOUCHEL W, FALOUTSOS C, et al. The New Jersey data reduction report[J]. IEEE Data Engineering Bulletin, 1997,20:3-45.

[20] SHANMUGASUNDARAM J, FAYYAD U, BRADLEY P S. Compressed data cubes for OLAP aggregate query approximation on continuous dimensions[C]//ACM SIGKDD International Conference on Knowledge Discovery and Data Mining,1999:223-232.

[21] LAZARIDIS I, MEHROTRA S. Progressive approximate aggregate queries with a multi-resolution tree structure[C]//ACM SIGMOD International Conference on Management of Data,2001:401-412.

[22]KORN F,JAGADISH H V,FALOUTSOS C.Efficiently supporting ad hoc queries in large datasets of time sequences[J]. AcM sIGMoD Record,1999,26(2):289-300.

[23]BARBAR D,SULLIVAN M.Quasi-cubes:exploiting approximations in multidimensional databases[J].AcM sIGMoD Record, 1997, 26 (3): 12-17.

[24]MARGARITIS D,FALOUTSOS C,THRUN S.NetCube:a scalable tool for fast data mining and compression[C]//Proceedings of the 27th International Conference on Very Large Data Bases,2001:311-320.

[25] AGARWAL S, IYER A P, PANDA A, et al. Blink and it's done: Interactive queries on very large data[J]. Proceedings of the Vldb Endowment, 2012, 5(12): 1902-1905.

[26] AGARWAL S, MOZAFARI B, PANDA A, et al. BlinkDB: queries with bounded errors and bounded response times on very large data[C]// Proceedings of the 8th ACM European Conference on Computer Systems, Association for Computing Machinery, 2013: 29-42.

[27] STONEBRAKER M, CATTELL R. 10 rules for scalable performance in 'simple operation' datastores[J]. Communications of the ACM, 2011, 54(6): 72-80.

[28] ROUSSOPOULOS N, KELLEY S, FR, et al. Nearest neighbor queries [C]//Proceedings of the 1995 ACM SIGMOD international conference on Management of data, ACM, 1995: 71-79.

[29] CHEN Z, SHEN H T, ZHOU X, et al. Monitoring path nearest neighbor in road networks[C]//Proceedings of the 2009 ACM SIGMOD International Conference on Management of data, ACM, 2009: 591-602.

[30] HUANG Q, FENG J, ZHANG Y, et al. Query-aware locality-sensitive hashing for approximate nearest neighbor search[J]. Proceedings of the Vldb Endowment, 2015, 9(1): 1-12.

[31] TAO Y, SHENG C. Fast nearest neighbor search with keywords[J]. IEEE transactions on knowledge and data engineering, 2014, 26(4): 878-888.

[32] SOMMER C. Shortest-path queries in static networks[J]. ACM Computing Surveys, 2014, 46(4): 1-31.

[33] TAO Y, SHENG C, PEI J. On k-skip shortest paths[C]//Proceedings of the 2011 ACM SIGMOD International Conference on Management of data, ACM, 2011: 421-432.

[34]WU L,XIAO X,DENG D,et al.Shortest path and distance queries on road networks:an experimental evaluation[J].Proceedings of the Vldb Endowment,2012,5(5):406-417.

[35]YAN D,ZHAO Z,NG W.Efficient processing of optimal meeting point queries in Euclidean space and road networks[J].Knowledge And Information Systems,2015,42(2):319-351.

[36]WEI H,YU J X,LU C,et al.Reachability querying:an independent permutation labeling approach[J].Proceedings of the Vldb Endowment,2014,7(12):1191-1202.

[37]NG W,CHENG J,LIU S,et al.Finding distance-preserving subgraphs in large road networks[C]//Proceedings of the 2013 IEEE International Conference on Data Engineering,IEEE Computer Society,2013:625-636.

[38]SELLIS T K,ROUSSOPOULOS N,FALOUTSOS C.The R+-Tree:a dynamic index for multi-dimensional objects[C]//Proceedings of the 13th International Conference on Very Large Data Bases,Morgan Kaufmann Publishers Inc.,1987:507-518.

[39]GUTTMAN A.R-trees:a dynamic index structure for spatial searching [C]//Proceedings of the 1984 ACM SIGMOD International Conference on Management of Data,ACM,1984:47-57.

[40]BECKMANN N,KRIEGEL H-P,SCHNEIDER R,et al.The R*-tree: an efficient and robust access method for points and rectangles[C]// Proceedings of the 1990 ACM SIGMOD international conference on Management of data,1990:322-331.

[41]SAMET H.The quadtree and related hierarchical data structures[J]. ACM Computing Surveys,1984,16(2):187-260.

［42］ROBINSON J T. The K-D-B-tree：a search structure for large multidimensional dynamic indexes［C］//Proceedings of the 1981 ACM SIGMOD International Conference on Management of Data，ACM，1981：10-18.

［43］TAO Y，YI K，SHENG C，et al. Quality and efficiency in high dimensional nearest neighbor search［C］//Proceedings of the 2009 ACM SIGMOD International Conference on Management of data，ACM，2009：563-576.

［44］HELLERSTEIN J M，NAUGHTON J F，PFEFFER A.Generalized search trees for database systems［C］//Proceedings of the 21th International Conference on Very Large Data Bases，Morgan Kaufmann Publishers Inc.，1995：562-573.

［45］RAMSAK F，MARKL V，FENK R，et al.Integrating the UB-tree into a database system kernel［C］//Proceedings of the 26th International Conference on Very Large Data Bases，Morgan Kaufmann Publishers Inc.，2000：263-272.

［46］BERCHTOLD S，KEIM D A，KRIEGEL H-P.The X-tree：an index structure for high-dimensional data［C］//Proceedings of the 22th International Conference on Very Large Data Bases，Morgan Kaufmann Publishers Inc.，1996：28-39.

［47］CAO X，CONG G，JENSEN C S，et al. Collective spatial keyword querying［C］//Proceedings of the 2011 ACM SIGMOD International Conference on Management of data，ACM，2011：373-384.

［48］CHEN L，CONG G，JENSEN C S，et al. Spatial keyword query processing：an experimental evaluation［J］. Proceedings of the Vldb Endowment，2013，6(3)：217-228.

[49]ZHANG D,CHEE Y M,MONDAL A,et al.Keyword search in spatial databases:towards searching by document[C]//Proceedings of the 2009 IEEE International Conference on Data Engineering,IEEE Computer Society,2009:688-699.

[50]CORRAL A,MANOLOPOULOS Y,THEODORIDIS Y,et al.Closest pair queries in spatial databases[C]//Proceedings of the 2000 ACM SIGMOD International Conference on Management of Data,ACM, 2000:189-200.

[51]SHARIFZADEH M,SHAHABI C.The spatial skyline queries[C]// Proceedings of the 32nd international conference on Very large data bases,VLDB Endowment,2006:751-762.

[52]LIN X,MA S,ZHANG H,et al.One-pass error bounded trajectory simplification[J].Proceedings of the Vldb Endowment,2017,10(7): 841-852.

[53] LONG C,WONG R C-W,JAGADISH H V.Direction-preserving trajectory simplification[J].Proceedings of the Vldb Endowment, 2013,6(10):949-960.

[54]LONG C,WONG R C-W,JAGADISH H V.Trajectory simplification: on minimizing the direction-based error[J].Proceedings of the Vldb Endowment,2014,8(1):49-60.

[55] MUCKELL J,OLSEN P W,HWANG J-H,et al.Compression of trajectory data:a comprehensive evaluation and new approach[J]. GeoInformatica,2014,18(3):435-460.

[56]WANG L,CHRISTENSEN R,LI F,et al.Spatial online sampling and aggregation[J].Proceedings of the Vldb Endowment,2015,9(3): 84-95.

[57]TAO Y,HU X,CHOI D-W,et al.Approximate MaxRS in spatial databases [J].Proceedings of the Vldb Endowment,2013,6(13):1546-1557.

[58]THORUP M,ZWICK U.Approximate distance oracles[J].Journal of the ACM,2005,52(1):1-24.

[59]LOHR S.The age of big data[J].New York Times,2012,11.

[60]KITCHIN R.Big data and human geography Opportunities,challenges and risks[J].Dialogues in Human Geography,2013,3(3):262-267.

[61]PHILIP CHEN C,ZHANG C-Y.Data-intensive applications,challenges, techniques and technologies:A survey on Big Data [J]. Information Sciences,2014,275:314-347.

[62]CUGLER D C,OLIVER D,EVANS M R,et al.Spatial big data: platforms,analytics,and science[J].GeoJournal,2013.

[63]ELDAWY A,MOKBEL M F.The era of big spatial data:challenges and opportunities[C]//IEEE 16th International Conference on Mobile Data Management,2015:7-10.

[64]LIN J,DYER C.Data-intensive text processing with MapReduce[J]. Synthesis Lectures on Human Language Technologies,2010,3(1): 1-177.

[65]CHEN Y,ALSPAUGH S,BORTHAKUR D,et al.Energy efficiency for large-scale mapreduce workloads with significant interactive analysis[C]//Proceedings of the 7th ACM European Conference on Computer Systems,ACM,2012:43-56.

[66]MOISE D,SHESTAKOV D,GUDMUNDSSON G,et al.Indexing and searching 100m images with map-reduce[C]//Proceedings of the 3rd ACM conference on International conference on multimedia retrieval, ACM,2013:17-24.

参考文献

[67]DEAN J,GHEMAWAT S.MapReduce:a flexible data processing tool [J].Communications of the ACM,2010,53(1):72-77.

[68]DEAN J,GHEMAWAT S.MapReduce:simplified data processing on large clusters[J].Communications of the ACM,2008,51(1):107-113.

[69] LEE K-H, LEE Y-J, CHOI H, et al.Parallel data processing with MapReduce:a survey[J].AcM sIGMoD Record,2012,40(4):11-20.

[70]NEUMEYER L,ROBBINS B,NAIR A,et al.S4:Distributed stream computing platform [C]//IEEE International Conference on Data Mining Workshops,IEEE,2010:170-177.

[71] WHITE T.Hadoop:The definitive guide[M].O'Reilly Media, USA.2015.

[72]ZAHARIA M,CHOWDHURY M,DAS T,et al.Fast and interactive analytics over Hadoop data with Spark[J].Usenix,2012,37(4):45-51.

[73]SPARKS E R,TALWALKAR A,SMITH V,et al.MLI:An API for distributed machine learning[C]//IEEE 13th International Conference on Data Mining,IEEE,2013:1187-1192.

[74]ZAHARIA M,CHOWDHURY M,DAS T,et al.Resilient distributed datasets:A fault-tolerant abstraction for in-memory cluster computing [C]//Proceedings of the 9th USENIX conference on Networked Systems Design and Implementation,USENIX Association,2012:2-2.

[75]ZAHARIA M,CHOWDHURY M,FRANKLIN M J,et al.Spark: cluster computing with working sets[J].HotCloud,2010,10(10-10):95.

[76]ZAHARIA M,XIN R S,WENDELL P,et al.Apache Spark:a unified engine for big data processing[J].Communications of the ACM,2016, 59(11):56-65.

· 129 ·

[77]YOU S,ZHANG J,LE G.Large-scale spatial join query processing in Cloud［C］//IEEE International Conference on Data Engineering Workshops,2015:34-41.

[78]AJI A,WANG F,VO H,et al.Hadoop-GIS:a high performance spatial data warehousing system over MapReduce[J].Proceedings of the Vldb Endowment,2013,6(11):1009-1020.

[79]ELDAWY A,MOKBEL M F.SpatialHadoop:a MapReduce framework for spatial data［C］//IEEE International Conference on Data Engineering, 2015:1352-1363.

[80]YU J,WU J,SARWAT M.GeoSpark:a cluster computing framework for processing large-scale spatial data［C］//Proceedings of the 23rd SIGSPATIAL International Conference on Advances in Geographic Information Systems,2015:1-4.

[81]LENKA R K,BARIK R K,GUPTA N,et al.Comparative qnalysis of SpatialHadoop and GeoSpark for geospatial big data analytics［C］// 2016 2nd International Conference on Contemporary Computing and Informatics,IEEE,2016.

[82]GüNTHER O,MüLLER R.From GISystems to GIServices:spatial computing on the internet marketplace[M].Springer US,Boston,MA USA.1999:445-448.

[83]张犁,林晖,李斌.互联网时代的地理信息系统[J].测绘学报,1998,(1): 12-18.

[84]钱新林,张福浩,刘纪平.全矢量 WebGIS 架构研究[J].测绘通报,2012, (S1):768.

［85］ANTONIOU V，MORLEY J，HAKLAY M.Tiled Vectors：a method for vector transmission over the Web［C］//International Symposium on Web and Wireless Geographical Information Systems，Springer，2009：56-71.

［86］SAMPLE J T，IOUP E.Tile-based geospatial information systems：principles and practices［M］.Springer US，New York，NY USA.2010.

［87］GOU L M，ZHU M Z，YAN-MING L I.Study on web map tile service based on RESTful［J］.Computer Engineering and Design，2012，33（9）：3609-3616.

［88］ZHOU X.Analysis on OpenGIS web map tile service implementation standard［J］.Geomatics World，2011.

［89］周旭.OpenGIS网络地图分块服务实现标准（WMTS）分析［J］.地理信息世界，2011，（04）：10-14＋32.

［90］LIU H，NIE Y.Tile-based map service GeoWebCache middleware［C］//IEEE International Conference on Intelligent Computing and Intelligent Systems，2010：692-697.

［91］NIE Y F，XU H，LIU H L.The design and implementation of tile map service［J］.Advanced Materials Research，2010，159：714-719.

［92］苗立志，伍蓝，李振龙，等.多源分布式CSW和WMS地理信息服务集成与互操作［J］.地理与地理信息科学，2010，26（3）：11-14.

［93］王亚平，蒲英霞，刘大伟，等.基于TileStache的多源投影矢量数据瓦片生成技术研究［J］.地理信息世界，2015，（1）：77-81.

［94］ERIKSSON O，RYDKVIST E.An in-depth analysis of dynamically rendered vector-based maps with WebGL using Mapbox GL JS［D］.City：Linköping University，2015.

［95］J.DE LA TORRE J.Organising geo-temporal data with CartoDB，an open source database on the cloud［J］.Biodiversity Informatics Horizons，2013.

[96]WOLF E B,MATTHEWS G D,MCNINCH K,et al.OpenStreetMap collaborative prototype,phase one[J].US Geological Survey,2011.

[97]ZIELSTRA D,HOCHMAIR H,NEIS P,et al.Areal delineation of home regions from contribution and editing patterns in OpenStreetMap[J].ISPRS International Journal of Geo-Information,2014,3(4):1211-1233.

[98]CONGOTE J,SEGURA A,KABONGO L,et al.Interactive visualization of volumetric data with WebGL in real-time[C]//Proceedings of the International Conference on Web 3D Technology,2011:137-146.

[99]IWATA S,TAKEI M,TAKENAKA T,et al.Development of information sharing system synchronizing Google maps and WebGL:experiment of space based data visualization and manipulation with operability and utility [J].Aij Journal of Technology and Design,2015,21(48):865-868.

[100]廖明,潘媛芳.WebGIS矢量地图绘制方法的性能分析与比较 WebGIS 的技术方案[C]//《测绘通报》测绘科学前沿技术论坛,2008:8.

[101]廖明,潘媛芳.WebGIS矢量地图绘制方法的性能比较分析[C]//华东 六省一市测绘学会第十一次学术交流会,2009:7.

[102]GOODCHILD M F.Citizens as sensors:the world of volunteered geography[J].GeoJournal,2007,69(4):211-221.

[103]BHARGAVA N,BHARGAVA R,SHARMA N.Integrating WebGIS with WFS and GML[J].International Journal of Computer Science and Communication Networks,2012,2(1).

[104]MICHAELIS C,AMES D P.OGC-GML-WFS-WMS-WCS-WCAS: The Open GIS Alphabet soup and implications for water resources GIS[J].Monthly Notices of the Royal Astronomical Society,2006,351 (1):125-132.

[105]LIU J P,YAN F,ZHAO H L.Application of visualization in scientific computing technology[J].Advanced Materials Research,2011,1225 (215).

[106]MCCORMICK B H.Visualization in scientific computing[J].ACM SIGBIO Newsletter,1988,10(1).

[107]ZANARINI P,SCATENI R,WIJK J V.Visualization in scientific computing '95[C]//Proceedings of the Eurographics Workshop, Springer,1998:69-69.

[108]SHIRLEY P.Fundamentals of computer graphics (second edition) [M].北京:人民邮电出版社.2007.

[109]常明,纪俊文.计算机图形学.[M].3 版.武汉:华中科技大学出版社,2009.

[110]KAUFMAN A.Rendering,visualization and rasterization hardware [C]//Advances in Computer Graphics Hardware,1993.

[111]ROSENBLUM L J.Scientific visualization.advances and challenges [J].Blaise Pascal University France,1994,30(12):1464-1475.

[112]ZHU L,ZHU C Y,GU H B,et al.Visualized flight control and flight mechanics calculation[J].Advanced Materials Research,2012,1917 (562).

[113]CHANG Y T,SUN S W.A realtime interactive visualization system for knowledge transfer from social media in a big data[C]//2013 9th International Conference on Information,Communications and Signal Processing,2013:1-5.

[114] YOO T S, MA K-L. Taking stock of visualization in scientific computing[J].ACM SIGGRAPH Computer Graphics,2004,38(3).

[115]仇应俊.交互式可视化网格系统 GVis 研究及实现[D].杭州:浙江大学,2006.

[116]SIMON P. The visual organization : data visualization, big data, and the quest for better decisions[M].John Wiley & Sons, Henderson, Nevada.2014.

[117]KHAN M, SHAH S. Data and information visualization methods, and interactive mechanisms: a survey[J]. International Journal of Computer Applications,2011,34(1):1-14.

[118]KUMAR R R. Visualizing big data mining: challenges, problems and opportunities[J]. International Journal of Computer Science and Information Technologies,2015,6(4):3933-3937.

[119]HOSKINS M. Common big data challenges and how to overcome them[J].Big Data,2014,2(3):142.

[120]SUCHARITHA V, SUBASH S R, PRAKASH P.Visualization of big data: Its tools and challenges[J]. International Journal of Applied Engineering Research,2014,9(18):5277-5290.

[121]CHILDS H, GEVECI B, SCHROEDER W, et al.Research challenges for visualization software[J].Computer,2013,46(5):34-42.

[122]KIM Y I, JI Y K, SUN P.Social network visualization method using inherence relationship of user based on cloud[J].International Journal of Multimedia and Ubiquitous Engineering,2014,9(4):13-20.

[123]ELMQVIST N, FEKETE J D. Hierarchical aggregation for information visualization: overview, techniques, and design guidelines [J]. IEEE Transactions on Visualization and Computer Graphics, 2009, 16 (3): 439-454.

[124]SARMA A D,LEE H,GONZALEZ H,et al.Efficient spatial sampling of large geographical tables[C]//Proceedings of the 2012 ACM SIGMOD International Conference on Management of Data,Association for Computing Machinery,2012:193-204.

[125]TAKEDA S,KOBAYASHI A,KOBAYASHI H,et al.Irregular trend finder:visualization tool for analyzing time-series big data[C]// Visual Analytics Science and Technology,2012:305-306.

[126]AGRAWAL R,KADADI A,DAI X,et al.Challenges and opportunities with big data visualization[C]//Proceedings of the 7th International Conference on Management of computational and collective intElligence in Digital EcoSystems,Association for Computing Machinery,2015:169-173.

[127]KEAHEY T A.Using visualization to understand big data[J]. Technical Report,IBM Corporation,2013:1-16.

[128]LIU Z,JIANG B,HEER J.imMens :real-time visual querying of big data[C]//Eurographics Conference on Visualization,2013:421-430.

[129]LEE J,PODLASECK M,SCHONBERG E,et al.Analysis and visualization of metrics for online merchandising[C]//The WEBKDD'99 International Workshop on Web Usage Analysis and User Profiling,Springer-VerlagBerlin, Heidelberg,1999:126-141.

[130]AHLBERG C,SHNEIDERMAN B.Visual information seeking:tight coupling of dynamic query filters with starfield displays [C]// Conference Companion on Human Factors in Computing Systems, 1994:313-317.

[131]MIHALISIN T,TIMLIN J,SCHWEGLER J.Visualizing multivariate functions,data, and distributions[J].IEEE Computer Graphics and Applications,1991,11(3):28-35.

[132]CARR D B,LITTLEFIELD R J,NICHOLSON W L,et al.Scatterplot matrix techniques for large N[J].Journal of the American Statistical Association,1987,82(398):424-436.

[133]NGUYEN Q V,HUANG M L.EncCon:an approach to constructing interactive visualization of large hierarchical data[J].Information Visualization,2005,4(1):1-21.

附录　术语、缩略语及常用记号

附录表　术语与缩略语

中文	英文	缩写
地理信息系统	Geographic Information System	GIS
近似查询处理	Approximate Query Process	AQP
空间近似查询处理	Spatial Approximate Query Process	SAQP
简单要素模型	Simple Feature Specification	SFS
公开地图	Open Street Map	OSM
Keyhole 标记语言	Keyhole Markup Language	KML
网络地理信息系统	WebGIS	WebGIS
开放地理空间联盟	Open Geospatial Consortium	OGC
输入/输出	Input/Output	I/O
结构化查询语言	Structured Query Language	SQL
分布式文件系统	Hadoop Distributed File System	HDFS
Web 地图瓦片服务	OpenGIS Web Map Tile Service	WMTS
Web 地图服务	Web Map Service	WMS
瓦片地图服务	Tile Map Service	TMS
自发地理信息	Volunteered Geographic Information	VGI
弹性分布式数据集	Resilient Distributed Datasets	RDD
网络要素服务	Web Feature Service	WFS
地理标记语言	Geography Markup Language	GML
科学计算可视化	Visualization In Scientific Computing	VISC
道格拉斯-普克算法	Douglas-Peukcer Algorithm	DP

中文	英文	缩写
平衡的道格拉斯-普克算法	Balanced Douglas-Peukcer Algorithm	B-DP
Visvalingam-Whyatt 算法	Visvalingam-Whyatt Algorithm	VW
联机事务处理	On-Line Transaction Processing	OLTP
高分辨率海岸线数据	Global Self-consistent，Hierarchical，High-resolution Geography Database	GSHHG
K 最近邻	K-Nearest Neighbor	KNN